ELEKTRONEN- UND IONEN-STRÖME

EXPERIMENTAL-VORTRAG BEI DER JAHRES-
VERSAMMLUNG DES VERBANDES DEUTSCHER
ELEKTROTECHNIKER AM 30. MAI 1922

VON

Dr. J. ZENNECK
ORD. PROFESSOR DER EXPERIMENTALPHYSIK
AN DER TECHNISCHEN HOCHSCHULE MÜNCHEN

MIT 41 ABBILDUNGEN

BERLIN
VERLAG VON JULIUS SPRINGER
1923

ISBN-13:978-3-642-90595-7   e-ISBN-13:978-3-642-92453-8
DOI: 10.1007/978-3-642-92453-8

Alle Rechte, insbesondere das der Übersetzung
in fremde Sprachen, vorbehalten.

Vorwort.

Der Vortrag, den die vorliegende kleine Schrift in etwas erweiterter Form wiedergibt, wurde am 30. Mai 1922 im Physikalischen Institut der Technischen Hochschule München bei der Jahresversammlung des Verbandes Deutscher Elektrotechniker gehalten. Ich bin nur mit großen Bedenken der Aufforderung gefolgt, den Vortrag drucken zu lassen: ein Experimentalvortrag auf Papier verhält sich zu dem im Hörsaal wie eine Opernpartitur zur Oper.

München, im August 1923.

J. Zenneck.

Inhaltsverzeichnis.

Seite

I. Der Elektronenstrom im Hochvakuum 2
    Hochvakuumröhre mit Glühkathode. Einseitigkeit des Stroms 3
    Elektronen 5
    Hochvakuum-Gleichrichter 7
    Das Elektronenrelais (die Elektronenröhre) 8

II. Ionenströme in Gasen 14
    Der elektrodenlose Ringstrom . . . . 14.
    Die Konstitution des Atoms 16
    Die Bestandteile eines ionisierten Gases 18
    Die Stoßionisierung 19
    Das Einsetzen des Ionenstroms 21
    Die Ionisierungs-Feldstärke 23
    Ionenstrom in Röhren mit Elektroden 25
    Positive Lichtsäule. Moore-Licht 26
    Negatives Glimmlicht. Glimmlichtlampe 26
    Die „Korona" 30
    Die elektrische Entstaubung 33

III. Der Lichtbogen 35
    Die elektrischen Vorgänge im Lichtbogen 36
    Versuche mit Kohlelichtbogen 37
    Das Leuchten der Bogenlampen 41
    Der Vakuumlichtbogen 42
    Die Quecksilberdampflampe 43
    Der Quecksilberdampf-Gleichrichter 44

Berichtigung.

Auf S. 27 sind die Bilder 20a und 21a zu vertauschen.

Elektronen- und Ionen-Ströme.

Zur Ausbildung des Elektrotechnikers gehört die physikalische Kinderstube. Lang, lang ist's her für viele von Ihnen, seit sie diese Kinderstube besucht oder geschwänzt haben. Seitdem haben dort Wichtelmännchen ihren Einzug gehalten, die dem Physiker bei der Erklärung einer Menge von früher rätselhaften Erscheinungen geholfen haben: die Elektronen und Ionen. Von ihnen möchte ich heute erzählen — aber nur denjenigen von Ihnen, die keine Gelegenheit hatten, die Entwickelung der Physik in den letzten Jahren zu verfolgen; die physikalisch besser gestellten unter Ihnen werden nichts Neues hören. —

Sie alle wissen, was man unter einem **magnetischen Feld** versteht. Sie wissen auch, daß in einem solchen die beiden Pole

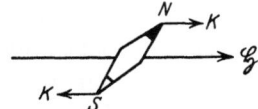

Abb. 1. Magnetnadel im magnetischen Feld.

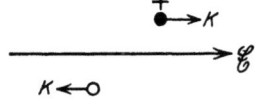

Abb. 2. Geladene Teilchen im elektrischen Feld.

einer Magnetnadel eine Kraft erfahren, der Nordpol in der Richtung des Felds, der Südpol in entgegengesetzter Richtung (Abb. 1). Sie erinnern sich wohl auch, daß für diese Kraft K die Beziehung gilt

$$K = m \cdot \mathfrak{H},$$

wenn m die Polstärke der Magnetnadel und $\mathfrak{H}$ die Feldstärke bedeutet.

Ganz entsprechend liegen die Verhältnisse in einem **elektrischen Feld** (Abb. 2). Sind in ihm positiv und negativ geladene Teilchen vorhanden, so wirkt auf die positiven Teilchen eine Kraft in der Richtung des Felds, auf die negativen in entgegengesetzter Richtung und es gilt für diese Kraft

$$K = e \cdot \mathfrak{E},$$

wenn e die Ladung eines Teilchens und $\mathfrak{E}$ die elektrische Feldstärke ist. Sind diese Teilchen frei beweglich, so bewegen sie sich unter dem Einfluß dieser Kraft und zwar die positiven in der Richtung des Felds, die negativen entgegengesetzt (Abb. 2). Ein solcher Bewegungszustand ist Ihnen geläufig auf dem Gebiete der Elektrolyse. Ihnen allen ist bekannt, daß z. B. in einem Trog mit Salzsäure (HCl) bewegliche positiv geladene H-„Ionen" und negativ geladene Cl-„Ionen" vorhanden sind. Taucht man in den Trog 2 Elektroden A und K (Abb. 3) und verbindet man A mit dem positiven und K mit dem negativen Pol einer Batterie B, so entsteht in dem Trog ein elektrisches Feld in der Richtung von A nach K. Unter dem Einfluß dieses Feldes müssen die beiden Ionenarten, und zwar die positiven H-Ionen in der Richtung des Felds, die negativen Cl-Ionen in entgegengesetzter Richtung wandern. In diesem Falle hat man schon längst erkannt, daß das, was man als elektrischen Strom im Elektrolyten bezeichnet und was dann auch einen Strom in den Zuleitungen zur Batterie zur Folge hat, nichts anderes als eben die Bewegung dieser geladenen Ionen ist.

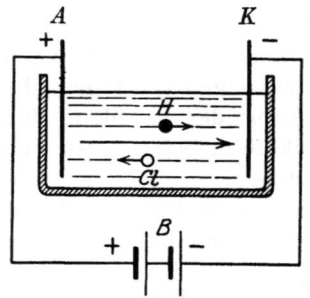

Abb. 3. Strömung in einem Elektrolyten (HCl).

Es ist eine Grundanschauung der modernen Physik, daß jede elektrische Strömung, ganz gleichgültig in welchem Medium sie stattfindet, aus einer mechanischen Bewegung von elektrisch geladenen Teilchen besteht.

Was sich aus dieser Anschauung im einzelnen ergibt, werde ich Ihnen an einer Reihe von Beispielen zeigen.

I. Der Elektronenstrom im Hochvakuum.

Sie haben wohl alle von dem sog. Edison-Effekt bei Glühlampen gehört. Wenn man in eine Glühlampe außer dem Glühfaden noch eine Elektrode (A Abb. 4) einschmilzt und zwischen sie und den Glühfaden einen Strommesser S und eine Batterie B so einschaltet, daß der positive Pol an A liegt, so erhält man in dieser Leitung einen Strom. Es muß also augenscheinlich auch im Innern der Glühlampe zwischen der Elektrode A und dem Glühfaden ein elektrischer Strom vorhanden sein.

Ich kann Ihnen den Versuch in noch einfacherer Form zeigen. — Zwischen zwei Klemmen H_1 und H_2 ist ein Eisendraht (K Abb. 5) ausgespannt und an eine Gleich- oder Wechselstrommaschine angeschlossen. Darunter befindet sich ein horizontaler starker Draht A, z. B. aus Aluminium, der oben in einem Elektrometer steckt und durch Berühren mit einer geriebenen Glasstange positiv geladen ist. Solange kein oder nur

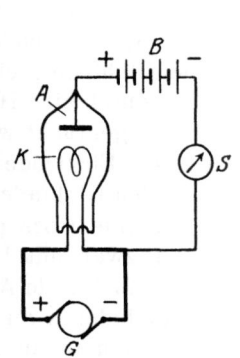

Abb. 4. Nachweis des Edison-Effekts.

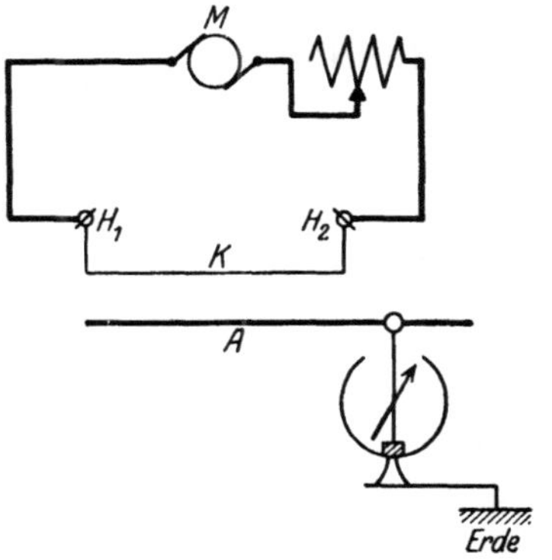

Abb. 5. Entladung eines Elektrometers in der Umgebung eines glühenden Drahtes.

ein schwacher Strom durch den Eisendraht geschickt wird, bleibt der Ausschlag des Elektrometers unverändert. Sobald man aber den Strom so weit steigert, daß der Draht rotglühend wird, fällt der Ausschlag des Elektrometers rasch auf Null. Es muß also durch den Luftraum zwischen A und K hindurch die positive Ladung des Drahtes A und seines Elektrometers entweder weggewandert oder durch Zuwanderung negativer Ladung neutralisiert worden sein.

Hochvakuumröhre mit Glühkathode. Einseitigkeit des Stroms.

So einfach die Anordnung dieser beiden Versuche ist, so wenig einfach erweisen sich doch die Verhältnisse bei eingehender Prüfung. Der Grund ist, daß der Glühfaden bzw. -draht in beiden Fällen, auch bei der normal evakuierten Glühlampe des Edisoneffekts, sich in Gas befindet. Will man übersichtliche Bedingungen bekommen, so hat man den Glühfaden in einen Hochvakuumraum zu setzen, aus dem das Gas so vollständig entfernt ist, daß geladene Teilchen, die sich in dem Raum bewegen sollen, keine Gefahr laufen, auf ihrem Wege mit einer Gasmolekel zusammenzustoßen. Das läßt sich mit den modernen Luftpumpen (rotierende Gaedesche Quecksilberpumpe, Diffusions- und Quecksilber-Dampfstrahlpumpe) in Verbindung mit flüssiger Luft tatsächlich erreichen. Eine solche Hochvakuumröhre, die ich der Gesellschaft für drahtlose Telegraphie verdanke (vgl. die schematische Abb. 6), habe ich hier. Sie besitzt wie eine Glühlampe einen Wolframfaden K, der durch eine Heizbatterie B_h zum Glühen gebracht wird, und eine ungeheizte Elektrode A. Schalte ich zwischen den Glühfaden K und die Elektrode A eine Hochspannungsbatterie B, und zwar mit Hilfe des Umschalters U die Elektrode A an den positiven, den Glühfaden K an den negativen Pol, so zeigt der in die Leitung eingeschaltete Strommesser G einen Ausschlag genau wie bei dem Versuch mit dem Edisoneffekt. Nun lege ich, ohne sonst etwas zu ändern, den Umschalter U um, so daß die Elektrode A an den negativen, der Glühfaden K an den positiven Pol der Batterie B kommt. Sie werden dann erwarten, daß der Strommesser genau denselben Ausschlag wie vorher gibt, nur in entgegengesetzter Richtung. Statt dessen bleibt der Zeiger des Strommessers auf Null; es ist keine Spur eines Ausschlages zu sehen.

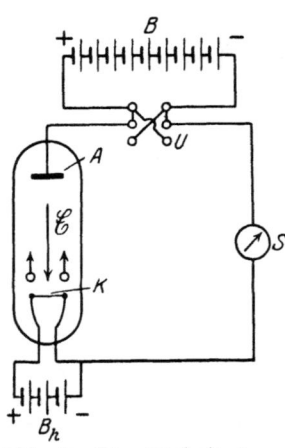

Abb. 6. Einseitigkeit des Stroms in einem Hochvakuum-Rohr mit einer Glühelektrode.

Untersucht man den Vorgang näher, so findet man folgendes. Der Glühfaden K sendet negativ geladene Teilchen aus. Im ersten Fall, wenn die Elektrode A mit dem positiven, der Glühfaden mit dem negativen Pol der Batterie B verbunden war, hatte das elektrische Feld im Innern der Röhre die Richtung von der positiven Elektrode A zur negativen K, wie es in Abb. 6 (Pfeil) eingezeichnet ist. Auf die negativ geladenen Teilchen wirkt dann eine Kraft in entgegengesetzter Richtung. Sie bewegen sich infolge davon von dem Glühfaden K, aus dem sie herauskamen, weg zur Elektrode A. Sie schließen damit gewissermaßen den Stromkreis KABSK und man erhält einen Strom in demselben, ganz ähnlich, wie bei der Anordnung mit dem Elektrolyten (Abb. 3). Im zweiten Fall, wenn A am negativen, K am positiven Pol der Batterie B liegt, hat das Feld im Innern der Röhre die Richtung von K nach A. Die Kraft, die dieses Feld auf die negativen Teilchen, die von dem Glühfaden K ausgesandt werden, ausübt, hat demnach die Richtung von A nach K. Die Teilchen werden also auf den Glühfaden zurückgetrieben und können nicht nach A gelangen: der Stromkreis bleibt zwischen A und K offen. Die Einseitigkeit des Stroms in der Röhre ist also einerseits in dem Umstand, daß in derselben nur negativ geladene Teilchen — nicht wie bei der Elektrolyse negative und positive — vorhanden sind, andererseits darin begründet, daß diese Teilchen nur von einer der beiden Elektroden ausgehen.

Elektronen.

Es ist gelungen über das Wesen dieser negativ geladenen Teilchen, wie sie ein Glühfaden aussendet, Aufschluß zu erhalten. Durch Methoden, die einen guten Teil der modernen Physik umfassen, deren Beschreibung mich aber hier viel zu weit führen würde, konnte man 1. die Ladung e dieser Teilchen, 2. das Verhältnis ihrer Ladung zu ihrer Masse m, d. h. also e/m und 3. die Geschwindigkeit, mit der sie den Glühfaden verlassen, bestimmen.

Ihre Ladung e ergab sich als ebenso groß, wie diejenige eines negativen Cl-Ions oder — abgesehen vom Vorzeichen — diejenige eines positiven H-Ions in der Elektrolyse. Und trotzdem sind es keine Ionen: das Verhältnis ihrer Ladung zu ihrer Masse ist viel größer als bei irgend einem elektrolytischen Ion, 1830 mal größer als bei einem H-Ion. Da die Ladung dieselbe ist, wie diejenige eines H-Ions, so muß die Masse eines solchen negativen Teilchens 1830 mal kleiner sein als diejenige des elektrolytischen H-Ions und — da dieses ja nichts anderes ist als ein Wasserstoffatom mit positiver Ladung — als diejenige eines Wasserstoffatoms. Die Masse eines solchen Teilchens verhält sich also zu derjenigen eines Wasserstoffatoms ungefähr wie ein Grammstückchen zu 2 kg. Diesen negativen Teilchen, deren Masse viel kleiner ist als diejenige des kleinsten Atoms, hat man den Namen „Elektronen" gegeben. Was also der Versuch oben vorführte, war nichts anderes als ein Elektronenstrom, der von dem Glühfaden durch das Vakuum der Röhre zur anderen Elektrode überging.

Die Messung der Geschwindigkeit, mit der die Elektronen aus dem glühenden Metallfaden austreten, hat ein äußerst merkwürdiges Ergebnis gebracht. Ich darf als bekannt voraussetzen, daß nach der gut begründeten kinetischen Gastheorie die Molekeln eines Gases sich in fortgesetzter Bewegung befinden und daß die mittlere kinetische Energie einer solchen bewegten Gasmolekel bei derselben Temperatur für alle Gase dieselbe und zwar proportional der absoluten Temperatur des Gases ist. Diese mittlere kinetische Energie der Gasmolekeln ist für jede Temperatur bekannt. Bestimmt man nun die Geschwindigkeit (v), mit der die Elektronen aus dem Glühfaden austreten und berechnet man sich daraus und aus ihrer Masse ihre kinetische Energie ($\frac{1}{2}mv^2$) und mißt man andererseits — z. B. mit einem optischen Pyrometer — die Temperatur des Glühfadens, so zeigt sich, daß die mittlere kinetische Energie bei diesen Elektronen genau so groß ist, wie bei den Molekeln eines gewöhnlichen Gases, das die Temperatur des Glühfadens besitzt. Es sieht also so aus, als ob diese Elektronen, trotzdem sie ihrer Masse nach ganz andere Wesen zu sein scheinen als die Gasatome oder Molekeln, sich doch in dieser Beziehung quantitativ wie ein Gas verhalten.

Noch eine weitere Überlegung drängt sich auf. Das Elektronengas, das aus dem Glühfaden herauskam, muß vorher in dem Metall des Glühfaden. vorhanden gewesen sein. Man kommt damit zu der Vorstellung, daß in einem Metall neben den Metallatomen noch Elektronen sich befinden. Besitzen diese Elektronen eine gewisse Beweglichkeit in den Zwischenräumen zwischen den Metallatomen, so müssen sie sich auch bewegen, wenn man in dem Metalldraht durch Anlegen einer Spannung ein elektrisches Feld erzeugt. Das legt die Vermutung nahe, daß auch der Strom in den Metallen, z. B. der Strom in den Kupferdrähten Ihrer Starkstromleitungen, nichts weiter ist, als die Bewegung dieser Elektronen. Die rechnerische Durchführung dieses Gedankens hat gezeigt, daß man imstande ist, das Verhältnis der elektrischen Leitfähigkeit eines Metalls zu seinem Wärmeleitvermögen, für das man nach dieser Theorie jene Elektronen ebenfalls verantwortlich macht, und dessen Abhängigkeit von der Temperatur zu berechnen. Und das Resultat stimmt mit den experimentell ermittelten Werten (Wiedemann-Franzsches Gesetz), abgesehen von dem Gebiete extrem tiefer Temperaturen, ausgezeichnet überein. So sehr dies die angegebene Vermutung zu bestätigen scheint, so hat sie doch nach anderen Richtungen auf so große Schwierigkeiten geführt, daß die Frage nach dem Wesen der elektrischen Leitung in Metallen noch nicht als gelöst betrachtet werden kann.

Hochvakuum-Gleichrichter.

Ich will Sie mit diesen theoretischen Fragen, so interessant sie für den Physiker sein mögen, nicht weiter belästigen, sondern zu unserem Elektronenstrom im Hochvakuum zurückkehren und die Frage aufwerfen, die Ihnen wohl sympathischer ist: Was kann man mit diesen Elektronenströmen praktisch anfangen? —

Vorhin hatte ich Ihnen gezeigt, daß in der Leitung ABSK (Abb. 6) ein Strom fließt, wenn die Elektrode A positive Spannung gegen den Glühfaden K besitzt, dagegen nicht, wenn die Spannung von A gegen K negativ ist. Dabei ist Ihnen wohl sofort der Gedanke gekommen, daß die Anordnung einen Gleichrichter, und zwar die reinste Form desselben, ein elektrisches Ventil darstellt, das nur in der einen Richtung Strom durchläßt, ihn dagegen in der anderen Richtung vollkommen abdrosselt. Daß sich damit ein Wechselstrom gleichrichten läßt, kann ich Ihnen sehr einfach beweisen, indem ich in der Schaltung von Abb. 6 die Batterie B durch eine

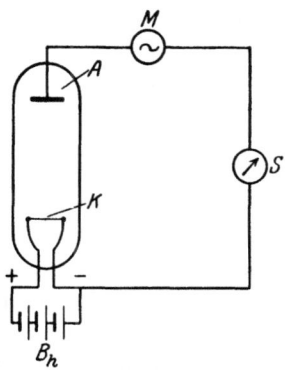

Abb. 7. Gleichrichtung von Wechselstrom durch ein Hochvakuumventil.

8   Der Elektronenstrom im Hochvakuum.

Wechselstrommaschine M ersetze (Abb. 7). Das in der Leitung AMK befindliche Drehspulinstrument S, das auf Wechselstrom nicht reagiert, zeigt dann sofort einen Strom an. Solche Hochvakuum Gleichrichter werden in immer steigendem Maße zum Betrieb von Röntgenröhren und Elektronenrelais, von denen sogleich die Rede sein wird, verwendet. Ihr Hauptvorteil ist der, daß sie mit viel höheren Wechselspannungen betrieben werden können und entsprechend viel höhere Gleichspannungen zu liefern vermögen als alle anderen Gleichrichter.

Das Elektronenrelais (die Elektronenröhre).

Bei weitem vielseitiger ist eine, allerdings prinzipielle, Abänderung dieser Anordnung, das „Elektronenrelais" (die „Elektronenröhre").

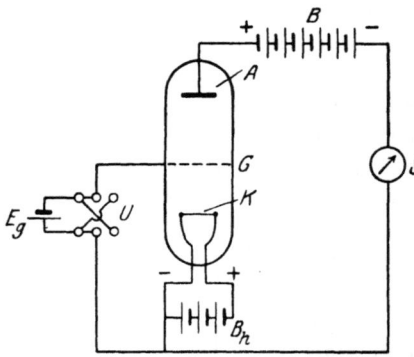

Abb. 8. Relais-Wirkung einer Elektronen-Röhre.

In der Konstruktion unterscheidet sie sich von dem Hochvakuumventil durch den Besitz einer dritten Elektrode, die meist aus Drähten besteht, die über einen Glasrahmen gespannt sind, und den Namen „Gitter" trägt (G Abb. 8). Beim Gebrauch wird stets zwischen den Glühfaden K, die „Glühkathode", und die ungeheizte Elektrode A, die „Anode", eine Batterie (B Abb. 8) oder Gleichstrommaschine geschaltet mit dem positiven Pol an A, so daß also nach dem oben Ausgeführten ein Elektronenstrom von der Glühkathode K zur Anode A und damit auch ein Strom in der „Anodenleitung" ABSK fließt. Wird nun zwischen das Gitter G und die Glühkathode K z. B. durch den Akkumulator E_g (Abb. 8) eine Spannung (die „Gitterspannung") gebracht, so entsteht in dem Raum zwischen dem Gitter G und der Glühkathode K ein elektrisches Feld, das Gitterfeld, das sich in diesem Raum dem von der Spannung der Anode gegen die Kathode herrührenden Feld, dem Anodenfeld, überlagert.

Lege ich den Umschalter (U Abb. 8) so, daß die Spannung

des Gitters gegen die Glühkathode positiv wird, so haben beide Felder dieselbe Richtung (in Abb. 8 von oben nach unten). Infolge davon wird der Elektronenstrom in der Röhre und damit auch der Strom in der Anodenleitung ABSK verstärkt, der Strommesser S in dieser Leitung zeigt einen größeren Ausschlag. Der Grund dafür ist im wesentlichen der, daß bei mäßig starkem Anodenfeld die Elektronen, die in allen möglichen Richtungen aus der Glühkathode herauskommen, nur zum Teil rasch nach der Anode abgeführt werden, während ein Teil sich noch längere Zeit in der Nähe der Glühkathode herumtreibt und durch die abstoßenden Kräfte, die er vermöge seiner negativen Ladung auf die eben austretenden Elektronen ausübt, diese zum Teil zur Glühkathode zurückwirft. Wirkt auf diese Elektronen in der Nähe der Glühkathode auch noch das Gitterfeld, so werden sie beschleunigt in der Richtung auf die Anode A in Marsch gesetzt.

Nun wird der Umschalter U umgelegt, so daß das Gitter eine negative Spannung gegen die Glühkathode K erhält. Dann wirkt in dem Raum zwischen Gitter und Kathode das Gitterfeld dem Anodenfeld entgegen. Die Kraft auf die Elektronen und damit auch der Elektronenstrom zur Anode und derjenige in der Anodenleitung wird geschwächt.

Wesentlich für die praktische Verwendung ist, daß sehr kleine Gitterspannungen und die Zuführung von ganz außerordentlich kleinen Energiemengen an das Gitter genügen, um eine verhältnismäßig große Verstärkung bzw. Schwächung des Stromes in der Anodenleitung hervorzurufen. Man ist berechtigt, von einer Relaiswirkung zu sprechen.

Die praktische Verwendung dieses Elektronenrelais als „Verstärkerröhre" zur Verstärkung von schwachen Wechselströmen will ich an dem Beispiel einer Telephonleitung auseinandersetzen. Die Leitung (Abb. 9) enthalte an der Sendestelle in üblicher Weise ein Mikrophon M und eine Batterie E; der Mikrophonstrom soll an der Empfangsstelle durch eine Verstärkerröhre verstärkt werden. Zu diesem Zweck setzt man an der Empfangsstelle in die Leitung die Primärspule T_1 eines Telephontransformators, schließt die Sekundärspule T_2 an das Gitter der Verstärkerröhre an und legt in dessen Anodenleitung das Telephon T. Wird dann an der Sendestelle ein Ton in das Mikrophon gesprochen, so erhält man in der Sekundärspule T_2 des Transformators und damit auch am Gitter G eine Wechselspannung von der Frequenz des Tones. In den Halbperioden, in denen die Gitterspannung positiv ist, wird der Strom in der Anodenleitung verstärkt, in den Halbperioden, in denen die Gitterspannung negativ ist, geschwächt. Das Resultat ist also, daß der Anodenstrom im Tempo des Tones seine Stärke ändert. Und zwar sind diese Stromschwankungen so stark, daß man im Telephon den Ton viel lauter hört, als wenn man dasselbe direkt in die Mikrophonleitung eingeschaltet oder mit der Sekundärspule des Telephontransformators verbunden hätte.

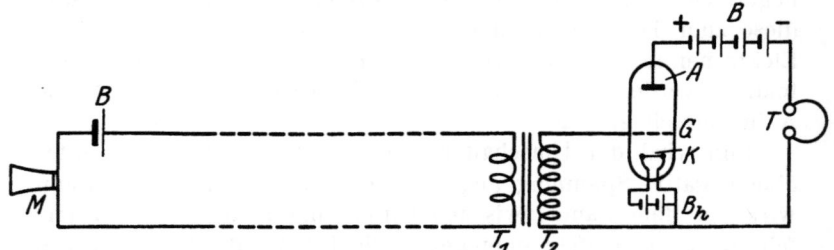

Abb. 9. Schematische Schaltung einer Telephonleitung mit einer Verstärker-Röhre.

Da ferner die Masse der Elektronen außerordentlich klein ist, so folgen sie den Änderungen der Gitter-Wechselspannung praktisch trägheitslos und es ist deshalb der Frequenz der Ströme, die man mit einer Verstärkerröhre verstärken kann, fast keine Grenze gesetzt. Die Hochfrequenzströme, die in der Antenne einer drahtlosen Empfangsstation durch die ankommenden Wellen induziert werden und deren Frequenz unter Umständen 100000 pro Sekunde bei weitem übersteigt, lassen sich damit ebensogut verstärken, wie die Sprachströme einer Telephonleitung, deren Frequenzen kaum über 2000 pro Sekunde hinausgehen. Die Verwendungsmöglichkeit dieser Elektronenröhren als Verstärker ist eine so universelle, daß man sich heute schon wundert, wenn in einer physikalischen Arbeit oder in einer Anordnung der Schwachstromtechnik, in der es irgend etwas zu verstärken gibt, keine Verstärkerröhren verwendet werden.

Ebenso wichtig wie als Verstärker ist das Elektronenrelais

als **Wechselstromgenerator.** Eine Schaltung, in der es diese Funktion ausübt, ist z. B. diejenige von Abb. 10, die von A. Meißner bei der Gesellschaft für Drahtl. Telegraphie herrührt. Der Hauptbestandteil derselben ist ein Kondensatorkreis, der aus einem Kondensator C und einer Spule L besteht. Sie wissen, daß in einem solchen Kondensatorkreis eine elektrische Schwingung, d. h. einfach ein Wechselstrom, entsteht, wenn man in ihn eine Funkenstrecke einschaltet, den Kondensator durch irgend eine Stromquelle, z. B. einen Funkeninduktor lädt und sich dann durch die Funkenstrecke entladen läßt. Ein solcher Wechselstrom entsteht aber auch dann, wenn der Kondensatorkreis keine Funkenstrecke enthält, wenn in ihm aber plötzlich eine EMK induziert wird. In beiden Fällen nimmt infolge des Energieverbrauches im Kreise die Amplitude dieses Wechselstromes rasch ab — die Schwingung ist „gedämpft" —, wenn man dem Kreis nicht von außen dauernd Energie zuführt. Wenn nun in der Schaltung von Abb. 10 die Anodenleitung ABL_aK, in der sich die

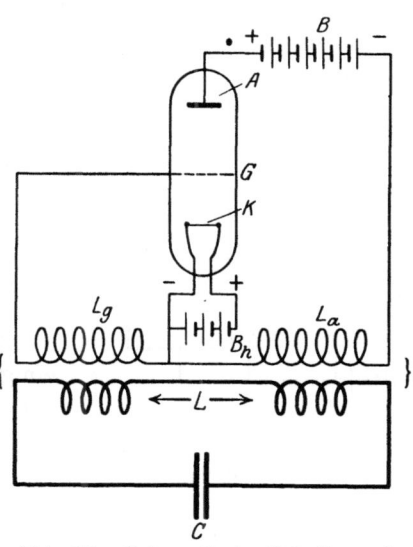

Abb. 10. Schematische Schaltung des Elektronenrelais-Generators (Röhrensenders).

Spule L_a befindet, geschlossen wird, so induziert das Entstehen des Stromes in dieser Leitung in der Spule L eine plötzliche EMK, die dann nach dem eben Gesagten im Kondensatorkreis CL eine elektrische Schwingung, einen Wechselstrom, zur Folge hat. Dieser Wechselstrom induziert in der Spule L_g und damit auch zwischen Gitter G und Kathode K eine Wechselspannung von der Frequenz des Wechselstromes im Kondensatorkreis CL, ähnlich wie das bei dem Mikrophonstrom in der Anordnung von Abb. 9 der Fall war. Gerade wie dort verursacht diese

Gitterwechselspannung Stromschwankungen in der Anodenleitung, die nun ihrerseits mittels der Spule L_a in dem Kondensatorkreis CL eine EMK derselben Frequenz erzeugen. Diese EMK ist bei richtigem Wicklungssinn der Spulen L_g und L_a in Phase mit dem im Kondensatorkreis schon vorhandenen Wechselstrom. Es wird durch dieselbe also dem Kondensatorkreis Energie zugeführt. Die Folge ist, daß die Amplitude des Wechselstromes nicht abnimmt, sondern ansteigt und sich schließlich auf einen konstanten Wert einstellt. Man bekommt auf diese Weise also im Kondensatorkreis eine elektrische Schwingung von konstanter Amplitude oder, wie man sagt, eine „ungedämpfte" elektrische Schwingung, d. h. einen Wechselstrom von ganz genau derselben Art, wie bei irgend einem technischen Wechselstromgenerator.

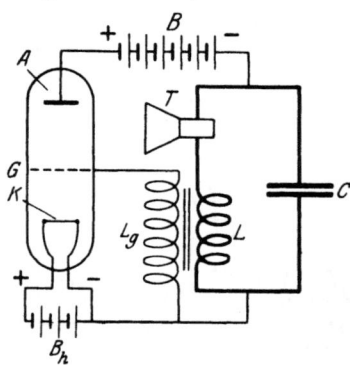

Abb. 11. Röhrensender für hörbare Schwingungen.

Ich zeige Ihnen den Versuch in einer Schaltung (Abb. 11), die etwas einfacher ist als diejenige von Abb. 10 insofern, als ähnlich wie bei einem Spartransformator die Spule L_a mit der Spule L vereinigt ist. Die Dimensionen habe ich so gewählt, daß die Frequenz des im Kondensatorkreis CL entstehenden Wechselstroms im Gebiet der hörbaren Töne liegt und, um den Wechselstrom hörbar zu machen, habe ich ein lautsprechendes Telephon T in den Kondensatorkreis eingeschaltet. Wenn ich jetzt die Anodenleitung schließe, so hören sie einen Ton von durchaus gleichmäßiger Höhe und Stärke. Er zeigt Ihnen nicht nur das Vorhandensein eines Wechselstromes an, sondern führt Ihnen gleichzeitig einen Hauptvorteil dieses Generators vor, den nämlich, daß die Amplitude und Frequenz seines Wechselstroms einen so hohen Grad von Konstanz besitzt, wie man ihn bei anderen Wechselstromgeneratoren kaum erreicht.

Noch einen weiteren großen Vorteil sollen Sie sofort sehen oder richtiger hören. Durch Umschalter, die in Abb. 11 nicht eingezeichnet sind, ersetze ich den Kondensator C durch einen solchen kleinerer Kapazität und dann die Spule L durch eine

Das Elektronenrelais (die Elektronenröhre).

andere von kleinerer Induktivität. Durch beide Maßnahmen wird der Ton d. h. die Frequenz des Wechselstroms erhöht. Es ist dies eine Folge der Tatsache, daß die Frequenz ν des Wechselstroms, der bei dieser Anordnung entsteht, sehr annähernd der bekannten Beziehung $\nu = \dfrac{1}{2\pi\sqrt{CL}}$ genügt, wenn C die Kapazität und L die Induktivität des Kondensatorkreises bedeutet. Diese Beziehung sagt aus, daß die Frequenz um so größer wird, je kleiner die Kapazität und die Induktivität des Kreises ist. Praktisch heißt das, daß man durch Verwendung eines Kondensators genügend kleiner Kapazität und einer Spule von genügend kleiner Induktivität die Frequenz fast beliebig hoch steigern kann. Es ist in der Tat allein durch passende Wahl der Kapazität C und Induktivität L ebensogut möglich auf die angegebene Weise einen Wechselstromgenerator von vielen Millionen Perioden pro Sekunde herzustellen, wie einen solchen von 50 oder 500 Perioden pro Sekunde; und dabei bleibt selbst bei den höchsten Frequenzen die Amplitude und Frequenz nahezu absolut konstant.

Das sollte imponieren, wenn man daran denkt, wie unendlich viel Mühe es gekostet hat, bis es gelang Wechselstrommaschinen für eine Frequenz von 20000—50000/sek. zu bauen und ihre Drehzahl so zu regulieren, daß die Frequenz ihres Wechselstromes eine für die Bedürfnisse der drahtlosen Telegraphie genügende Konstanz hatte. Vielleicht imponiert es Ihnen aber doch nicht allzu sehr; vielleicht haben Sie das Gefühl, daß es, milde ausgedrückt, eine starke Anspruchslosigkeit bedeutet, wenn man eine solche Anordnung, die nur ein paar Watt produziert, als Wechselstrom- oder Hochfrequenz-Generator bezeichnet. Vielleicht möchten Sie als Elektrotechniker diesen stolzen Titel auf Apparate beschränkt wissen, die mindestens einige kW liefern. Zu meiner Rechtfertigung kann ich Ihnen aber mitteilen, daß man schon seit längerer Zeit „Senderöhren" — so nennt man die Elektronenrelais, die als Generatoren dienen — besitzt, die eine Hochfrequenzleistung von 5 kW geben, und daß es in neuester Zeit gelungen ist, Röhren für noch erheblich höhere Leistungen zu bauen. Da bei Parallelschaltung mehrerer Röhren die Leistung proportional der Röhrenzahl wächst, so darf man wohl sagen, daß diese Generatoren auch bezüglich ihrer Leistung schon ziemlich verwöhnte, wenn auch vielleicht nicht die höchsten Bedürfnisse befriedigen. Daß das Elektronenrelais zu alledem hin auch noch der empfindlichste Detektor für die Wellen der drahtlosen Telegraphie und heute tatsächlich der Detektor aller modernen Stationen ist, will ich nur erwähnen, um Ihnen von der vielseitigen praktischen Verwendung der Elektronenströme einen Begriff zu geben. Auf die Detektorwirkung und Detektorschaltungen einzugehen, würde viel zu weit führen.

II. Ionenströme in Gasen.

Ich wende mich statt dessen zu einer ganz anderen Art von Strömen, den Ionenströmen in Gasen.

Der elektrodenlose Ringstrom.

Zuerst will ich Ihnen einen Versuch zeigen (Abb. 12). — Ein Kondensatorkreis mit einer in einen Kasten eingeschlossenen Funkenstrecke F besitzt als Strombahn einen einfachen Drahtring D, der eine große Glaskugel G umgibt. Die Glaskugel ist mit Stickstoff von niedrigem Druck, wie man ihn etwa in Geißler-Röhren hat, gefüllt. Ich kann die beiden Leydener-Flaschen C_1 und C_2, welche die Kondensatoren des Kreises darstellen, durch einen Resonanztransformator auf eine Spannung laden, bei der die Funkenstrecke durchschlagen wird. Sobald ich einschalte und Sie im Kasten das Überschlagen der Funken hören, sehen Sie in der Kugel einen mit dem Drahtring koaxialen leuchtenden Ring, der im Innern der Kugel verhältnismäßig geringe, gegen die Kugeloberfläche hin aber ziemlich große Helligkeit besitzt. Was hier vorgeht, ist das Folgende. Wenn an der Funkenstrecke ein Funke überschlägt, entladen sich die Kondensatoren, und zwar wie schon oben ausgeführt wurde, in der Form eines gedämpften Wechselstromes von sehr hoher Frequenz, die bei den gewählten

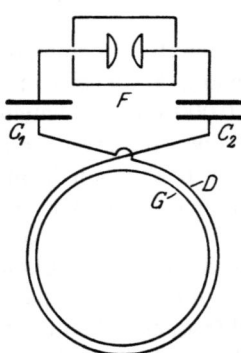

Abb. 12. Anordnung zur Demonstration des elektrodenlosen Ringstroms.

Dimensionen 800000 pro Sekunde beträgt. Dieser Wechselstrom erzeugt im Innern der Kugel ein magnetisches Wechselfeld, das, wie Ihnen vom Transformator her bekannt ist, ein elektrisches Wechselfeld induziert. Ein solches entsteht also auch hier im Innern der Kugel. Unter der Wirkung dieses Feldes, dessen Kraftlinien Kreise sind, kommt ein ringförmiger Strom im Innern der Kugel zustande.

Daß dieser Strom von ganz anderer Art ist, als der Elektronenstrom im Hochvakuum, wird schon durch die Tatsache nahegelegt, daß bei den Elektronenströmen im Hochvakuum durchaus kein Leuchten in der Röhre zu sehen war, während der Strom in der Kugel mit einem kräftigen Leuchten verbunden ist. Daß das Leuchten von dem in der Kugel befindlichen Stickstoff ausgeht, steht außer Zweifel. Man braucht den leuchtenden Ring nur im Spektroskop zu betrachten; es erscheinen darin die bekannten Banden, die dem Stickstoff charakteristisch sind. Wenn aber das Leuchten, das mit dem elektrischen Strom zusammen auftritt, vom Gas herrührt, so wird man vermuten, daß das Gas auch an diesem Strom beteiligt ist. Von vornherein zu verwerfen hat man freilich den Gedanken, daß die Molekeln des Gases unter dem

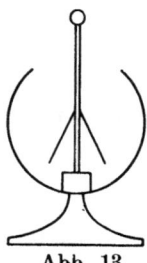
Abb. 13. Elektrometer.

Einfluß eines elektrischen Felds sich in ähnlicher Weise bewegen, wie etwa die Wasserstoff- oder Chlor-Ionen in der Elektrolyse. Dazu fehlt die notwendige Voraussetzung, die elektrische Ladung dieser Molekelen: nur auf ein **geladenes** Teilchen wirkt ein elektrisches Feld. Daß aber die Stickstoffmolekeln in normalem Zustande nicht etwa geladen sind, — um Ihnen das zu beweisen, brauche ich nur hier in der Luft des Hörsaals, die ja zum Teil aus Stickstoff besteht, ein gut mit Bernstein isoliertes Elektrometer (Abb. 13) aufzustellen und zu laden. Gleichgültig, ob die Ladung positiv oder negativ ist, sie hält sich mindestens Minuten lang, ohne daß der Ausschlag in merkbarer Weise zurückgeht. Würde der Stickstoff der Luft zu einem einigermaßen beträchtlichen Teil aus geladenen Molekeln bestehen, so müßte der Ausschlag des Elektrometers rasch zusammenfallen; denn bei positiver Ladung desselben würden die negativ geladenen Molekeln, bei negativer Ladung des

Elektrometers die positiv geladenen Molekeln unter dem Einfluß des vom Elektrometer erzeugten elektrischen Felds sich sofort zum Elektrometer bewegen und seine Ladung neutralisieren. Wenn also der Stickstoff in der Kugel bei dem Ringstrom mitwirken soll, so kann er nicht in normalem Zustande sein, sondern muß sich irgendwie geändert haben. Ich wiederhole den Versuch mit dem Ringstrom in der Kugel, aber mit größerer Energie. Wieder bekomme ich einen leuchtenden Ring in der Kugel, aber unter dem Einfluß des mächtigen Stromes im Kondensatorkreis (Anfangsamplitude ca. 2500 Amp.) einen solchen von außerordentlicher Helligkeit. Und wenn ich jetzt den Strom unterbreche, tritt eine ganz unerwartete Erscheinung auf: auch nach dem Aufhören des Stromes leuchtet das ganze Innere der Kugel in gelblichem Lichte, das noch lange nach dem Ausschalten andauert und erst ganz allmählich verschwindet. So viel geht mit Sicherheit daraus hervor, daß mit dem Stickstoff irgend eine Veränderung vorgegangen sein muß.

Die Konstitution des Atoms.

Mit dieser Tatsache wollen wir uns bei diesem Beispiel, bei dem die Verhältnisse in Wirklichkeit recht kompliziert sind, begnügen, und ich will jetzt die einfachere Frage erörtern, was in einem einatomigen Gas (z. B. Helium oder Quecksilberdampf), in dem ein elektrischer Strom vorhanden und von einem Leuchten des Gases begleitet ist, vor sich geht. Die Vorstellung, die man sich davon auf Grund einer großen Reihe von experimentellen Untersuchungen gebildet hat, ist die folgende. Man nimmt an, daß ein Atom im normalen Zustand aus einem für jedes Element charakteristischen Kern und einer für jedes Element charakteristischen Anzahl von Elektronen besteht. Bezüglich des Kerns ergibt diese Annahme sofort eine Konsequenz. Da ein Atom im normalen Zustand keine elektrische Wirkung nach außen ausübt, sondern sich wie ein ungeladener Körper verhält, seine Elektronen aber negative Ladung besitzen, so muß man dem Kern das zusprechen, was man als positive Ladung bezeichnet, und zwar von einer Größe, die gleich der Summe der negativen Ladungen seiner Elektronen ist. Es muß also die positive Ladung des Kerns $= ke$ sein, wenn k die Zahl der Elektronen und e die Ladung eines Elektrons ist. Dann heben

Die Konstitution des Atoms.

sich die positive Ladung des Kerns und die negative Ladung der Elektronen in ihrer Wirkung nach außen auf, und das Atom scheint ungeladen (neutral).

Ferner geht aus Versuchen hervor, daß die Elektronen einen Abstand vom Kern haben, der im Verhältnis zu den Dimensionen desselben sehr groß ist. Da der Kern positiv geladen ist, so übt er auf die negativen Elektronen eine Anziehungskraft aus. Würden nun die Elektronen einen Augenblick in Ruhe sein, so müßten sie unter der Wirkung dieser Anziehungskraft in den Kern hineinstürzen und an ihm kleben bleiben, was dem eben angegebenen experimentellen Befund durchaus widerspricht. Aus dieser Situation rettet nur eine Annahme, die nämlich, daß die Elektronen in steter Bewegung um den Kern kreisen, ganz ähnlich, wie die Planeten um die Sonne. Dabei ist die Ähnlichkeit mit den Planetenbahnen nicht nur eine äußerliche. Denn das Ihnen bekannte Coulombsche Gesetz, das die Anziehung des Kerns auf die Elektronen bestimmt, ist genau von derselben Form, wie das Newtonsche Gravitationsgesetz, das die Planetenbahnen beherrscht.

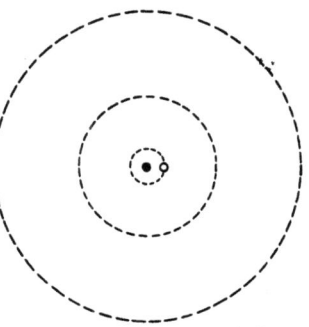

Abb. 14. Elektronenbahnen des Wasserstoff-Atoms.

Soweit sind diese Annahmen ganz wahrscheinlich. Weit weniger läßt sich das von einer weiteren Annahme sagen, zu der die Gesetzmäßigkeiten der Spektren geführt haben. Nach ihr sollen sich diese Elektronen nur in ganz bestimmten Bahnen um ihren Kern bewegen können und bei der Bewegung in diesen Bahnen kein Licht ausstrahlen[1]). (Abb. 14 zeigt z. B. das Verhältnis der 3 innersten Bahnen beim Wasserstoffatom, der Kern ist aber relativ zur innersten Bahn viel zu groß gezeichnet.) Im normalen Zustand des Atoms bewegen sich die

---

[1]) Nach der früheren Auffassung müßte ein rotierendes Elektron elektromagnetische Wellen (Licht) aussenden. Die dabei ausgestrahlte Energie würde eine Abnahme der kinetischen Energie des Elektrons und damit seiner Geschwindigkeit bedingen und zur Folge haben, daß es in immer enger werdenden Bahnen schließlich doch an den Kern herankäme.

Elektronen auf der innersten Bahn. Wird ein Elektron durch irgend eine Störung aus dieser herausgeworfen, so sind 2 Möglichkeiten vorhanden. Entweder es gelangt in eine weiter außen liegende Bahn und kehrt dann nach einer kurzen Zeit — man nennt sie die Verweilzeit — wieder in die innerste Bahn zurück. Dann leuchtet das Gas, da das Zurückschnellen des Elektrons von einer äußeren auf eine weiter innen liegende Bahn in einer vorläufig völlig ungeklärten Weise mit einer Aussendung von elektro-magnetischen Wellen, als die wir ja die Lichtwellen anzusehen haben, verbunden ist. Oder die Störung ist so kräftig, daß das Elektron aus dem Atomverband hinausgeschleudert wird. Dann braucht es nicht sofort und überhaupt nicht zu demjenigen Atom, von dem es ausging, zurückzukehren. Das Resultat ist dann ein Zustand, den man als „Ionisation" des Gases bezeichnet.

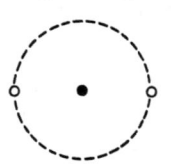

Abb. 15. Schematische Darstellung eines Atoms mit 2 Elektronen im neutralen Zustand.

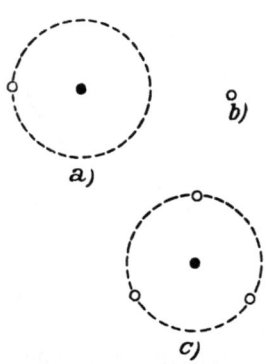

Abb. 16. Bestandteile eines ionisierten Gases: a) positive Ionen, b) Elektronen, c) negative Ionen.

Die Bestandteile eines ionisierten Gases.

Worin sich ein solches ionisiertes Gas von einem im ungestörten neutralen Zustand befindlichen unterscheidet, ist nach dem Gesagten klar. Nehmen wir z. B. ein Atom, dem im neutralen Zustand 2 Elektronen zugehören, so würde das Bild eines solchen Atoms im neutralen Zustand dasjenige von Abb. 15 sein. Wird nun eines der beiden Elektronen aus dem Atomverband hinausgeschleudert, so entstehen 2 verschiedene Bestandteile: das Restatom mit dem Kern und dem einen übrig gebliebenen Elektron (Abb. 16a) und das abgetrennte, jetzt freie Elektron (Abb. 16b). Da der Kern nach dem oben Ausgeführten die Ladung $+2e$ und das ihm gebliebene Elektron die Ladung $-e$ besitzt, so wirkt das Restatom wie ein Körper mit der Ladung $+2e - e = +e$, d. h. es zeigt die positive Ladung $+e$. Man nennt es aus diesem Grund ein "**positives Ion**". Positive Ionen und freie Elektronen sind die primären Bestandteile eines ionisierten Gases. Sekundär können dazu „negative Ionen" kommen. Wenn nämlich das abgespaltene Elektron (Abb. 16 b) in die Nähe eines neutralen Atoms (Abb. 15) gelangt, so kann es sich an ein solches anlagern (Abb. 16 c). Man erhält dann im vorliegenden Beispiel ein Gebilde mit 3 Elektronen und einer Ladung $+2e$ (Kern) $-3e = -e$, d. h. mit überwiegend negativer Ladung, d. h. eben ein negatives Ion[1]).

Die Verhältnisse in einem solchen ionisierten Gas sind also ganz ähnlich wie bei einem Elektrolyten. Auch in einem ionisierten Gas sind frei bewegliche positive (positive Ionen) und negative Teilchen (freie Elektronen und negative Ionen) vorhanden. Wirkt auf ein solches Gas also ein elektrisches Feld, so bewegen sich die positiven Ionen in der Richtung des Feldes, die negativen Ionen und freien Elektronen in entgegengesetzter Richtung. Diese Bewegung ist eben das, was den elektrischen Strom im Gas ausmacht. Ein solcher Strom war der, den ich Ihnen in der Kugel zeigte.

Die Stoßionisierung.

Nun ist aber eines klar: die positiven Ionen und freien Elektronen ziehen sich an und müssen über kurz oder lang sich wieder vereinigen. Wenn aber fortgesetzt ein Teil der Ionen und freien Elektronen sich zu neutralen Atomen vereinigt, die als ungeladen sich nicht am Strom beteiligen können, so müßte der Strom rasch abnehmen. Soll er aufrecht erhalten bleiben, solange ein elektrisches Feld vorhanden ist, so müssen immer neue Elektronen und Ionen gebildet, es muß das Gas immer von neuem ionisiert werden. Das bringt uns auf die Frage nach den **Ursachen der Ionisierung**. Von den verschiedenen Vorgängen, die zur Ionisierung eines Gases führen, interessiert

---

[1]) Bei einem mehratomigen Gas, bei dem also die Molekeln aus mehreren Atomen bestehen, tritt im allgemeinen zuerst eine Aufspaltung („Dissoziierung") der Molekeln in ihre einzelnen Atome ein. Diese Atome verhalten sich dann im übrigen wie diejenigen eines einatomigen Gases. Möglich ist aber auch die Entstehung von Molekül-Ionen — im Gegensatz zu den oben besprochenen Atom-Ionen —, d. h. es kann eine mehratomige, ursprünglich neutrale Molekel direkt ein Elektron abgeben bzw. eines anlagern und dadurch ein positives bzw. negatives Molekül-Ion bilden.

uns hier an erster Stelle, die „Stoßionisierung". Sind Ionen und freie Elektronen in einem Gas vorhanden, so übt das Feld auf dieselben eine Kraft aus, unter deren Wirkung die Ionen bzw. Elektronen, solange sie sich frei bewegen können, eine gewisse Geschwindigkeit und damit eine gewisse kinetische Energie bekommen. Treffen sie mit dieser auf ein neutrales Atom auf, so üben sie auf dasselbe einen Stoß aus und stören seinen normalen Zustand (vgl. S. 18). Schwächere Stöße, welche ein Elektron des Atoms nur in eine äußere Bahn werfen, haben nur ein Leuchten, stärkere Stöße, die ein Elektron vom Atom absprengen, eine Ionisierung des Gases zur Folge.

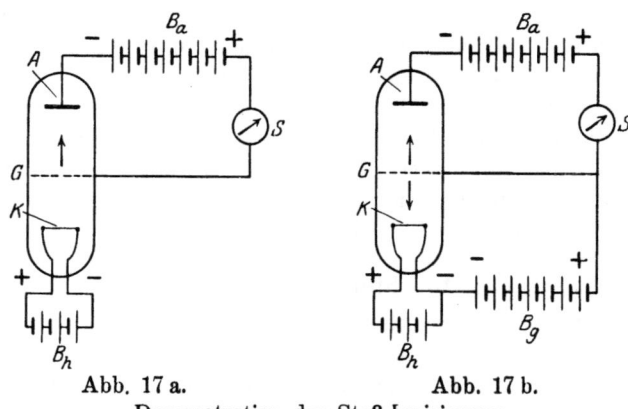

Abb. 17 a.   Abb. 17 b.
Demonstration der Stoß-Ionisierung.

Wenn also einmal Ionen im Gas vorhanden sind, sorgen sie und das Feld, das auf sie wirkt, schon selbst dafür, daß immer neue Ionen entstehen.

Vor allem möchte ich Ihnen diese Stoßionisierung in einem einfachen Versuch vorführen (Abb. 17a u. b). Ich benütze dazu eine Röhre, die ganz wie ein Elektronenrelais gebaut ist und wie dieses eine heizbare Elektrode K, eine ungeheizte Elektrode A und zwischen beiden ein Gitter besitzt. Sie unterscheidet sich von dem Elektronenrelais nur dadurch, daß im Innern nicht ein extrem hohes Vakuum, sondern ein Gas von niedrigem Drucke vorhanden ist. Zwischen der ungeheizten Elektrode A und dem Gitter G ist eine Batterie B_a und zwar mit dem negativen Pol an A, mit dem positiven an G eingeschaltet; das elektrische Feld zwischen A und G hat also die Richtung von G nach A (Pfeil in Abb. 17 a). In der Leitung AB_aG befindet sich ein Spiegelgalvanometer S, das selbst einen schwachen Strom in dieser Leitung anzeigt. Wird jetzt die Heizbatterie B_h eingeschaltet, so glüht die Elektrode K und es gehen von ihr, wie Sie jetzt wissen, Elektronen aus. Das Galvanometer zeigt aber keinen Ausschlag. Das ist verständlich: denn die Elektronen, die durch das Gitter hindurch in den Raum zwischen G und A gelangen, erfahren — gleichgültig, ob sie freie Elektronen bleiben oder sich mit neutralen Gasatomen zu negativen Ionen verbinden — durch das dort vorhandene elektrische Feld sofort eine Kraft, die sie von A fernhält.

Nun lege ich zwischen G und K eine Batterie B_g (Abb. 17 b), mit dem positiven Pol an G, dem negativen an K, so daß also zwischen G und K ein elektrisches Feld in der Richtung von G nach K entsteht (unterer Pfeil in Abb. 17 b). Sofort zeigt das Galvanometer einen kräftigen Ausschlag und zwar aus folgendem Grund. Auf die aus der Glühkathode K austretenden Elektronen bzw. die aus ihnen gebildeten negativen Ionen, wirkt in dem Feld zwischen G und K eine Kraft von K nach G. Sie erhalten dadurch eine hohe Geschwindigkeit und fliegen mit dieser nicht nur gegen das Gitter G, sondern zum Teil auch durch die Öffnungen des Gitters hindurch in den Raum zwischen G und A. Durch ihren Stoß auf die neutralen Gasatome ionisieren sie das Gas auch in diesem Raum. Es entstehen also dort neue Elektronen und außerdem noch positive Ionen. Die ersteren können auch jetzt keinen Strom zwischen A und K und damit in der Leitung AB_aSG hervorrufen, da sie durch das Feld zwischen A und G auf das Gitter G zurückgetrieben werden. Die positiven Ionen aber treibt dasselbe Feld zur Elektrode A hin. Sie führen also der Elektrode A dauernd positive Ladung zu und geben dadurch zu dem Strom Anlaß, den das Galvanometer anzeigte. Dieser Strom ist also ein Beweis für die Existenz positiver Ionen und damit für eine Stoßionisierung des Gases.

Das Einsetzen des Ionenstroms.

Sie denken vielleicht: das ist alles schön und gut, aber die Voraussetzung der ganzen Stoßionisierung ist doch die, daß von vornherein Ionen bzw. freie Elektronen in dem Gas sich befinden müssen; diese Voraussetzung trifft aber vor dem Einsetzen des Stroms nicht zu, da sich dann das Gas, z. B. dasjenige in der Kugel von dem Versuch in Abb. 12, im neutralen Zustand befindet, also keine Ionen enthält. Tatsächlich besitzt aber ein Gas in der Nähe der Erdoberfläche, gleichgültig ob es sich in der freien Atmosphäre oder in einem abgeschlossenen Raum befindet, immer eine gewisse Zahl von Ionen, die z. B. durch die radio-aktiven Strahlungen der Erde — radioaktive Strahlen sind eine bekannte Quelle der Ionisierung — erzeugt sein können. Diese Behauptung erscheint Ihnen vielleicht reichlich kühn, nachdem ich Ihnen vorhin durch meinen Elektrometerversuch (Abb. 13 S. 15) gerade das Gegenteil bewiesen hatte, daß sich nämlich atmosphärische Luft im neutralen Zustand ohne Ionen befindet. Ich schloß das daraus, daß sich ein vorzüglich isoliertes, geladenes Elektrometer in dieser Luft nicht entlädt, und zeigte Ihnen auch, daß es sich nicht entlud. Würde ich aber bei dem Versuch lange genug gewartet haben, so würden Sie gesehen haben, daß das Elektrometer sich allmählich, wenn auch sehr langsam, doch entladen hätte. Selbst auf die Gefahr hin, daß Sie vermuten, es gehe bei experimentellen Vorträgen nach den Worten des bekannten schwäbischen Liedes: „und e bissele Falschheit isch allaweil dabei", kann ich Ihnen das jetzt ruhig gestehen. In dem Zusammenhang, in dem ich Ihnen den Elektrometerversuch machte, waren die Ionen, die ein Gas an der Erdoberfläche infolge der sog. natürlichen Ionisierung besitzt, wegen ihrer geringen Zahl ohne jede Bedeutung; ich würde die Darstellung nur ganz unnötig kompliziert haben, wenn ich sie erwähnt hätte. In dem Zusammenhang, in dem wir jetzt stehen, spielen diese Ionen trotz ihrer geringen Zahl die ausschlaggebende Rolle. Sie sind es, die den elektrischen Strom einleiten, indem sie unter dem Einfluß eines angelegten genügend starken Feldes durch Stoßionisierung neue Ionen in viel größerer Zahl bilden.

Die Ionisierungs-Feldstärke.

Offen bleibt nur noch die Frage, was in diesem Zusammenhang ein „genügend starkes Feld" bedeutet. Das läßt sich sehr bestimmt angeben. Damit ein Gasatom, das sich im normalen Zustand befand, ionisiert wird, muß ein Elektron aus der innersten

Die Ionisierungs-Feldstärke.

Bahn hinaus aus dem Atomverband gebracht werden und zwar gegen die Anziehungskraft des Kerns. Es ist zu diesem Zweck also eine Arbeit A nötig, die für ein bestimmtes Atom auch eine ganz bestimmte, für das Element charakteristische Größe hat und „Ionisierungsarbeit" heißt. Soll ein Gas durch den Stoß bewegter Elektronen oder Ionen ionisiert werden, so muß das anfliegende Elektron oder Ion eine kinetische Energie besitzen, die zur Leistung dieser Arbeit ausreicht; d. h. nur dann, wenn mindestens

$$\frac{1}{2} mv^2 = A$$

(m = Masse des Elektrons oder Ions, v = seine Geschwindigkeit) ist, kann das Elektron oder Ion Stoßionisierung hervorrufen. Bei dem Versuch von Abb. 17 a, bei dem die aus der Glühkathode austretenden Elektronen bzw. die aus ihnen gebildeten negativen Ionen nur die Geschwindigkeit besaßen, die der Temperatur der Elektrode entsprach (vgl. S. 6), war die Geschwindigkeit derselben zu klein, um Stoßionisierung zu geben; das Galvanometer zeigte keinen Ausschlag. Als ihre Geschwindigkeit aber durch das Feld zwischen K und G (Abb. 17 b) gesteigert wurde, riefen sie Stoßionisierung und damit einen Ausschlag des Galvanometers hervor.

Für die Geschwindigkeit bzw. kinetische Energie, die ein solches Elektron bzw. Ion durch ein elektrisches Feld erreicht, gilt nun genau dasselbe, wie für irgend einen Körper, der sich unter dem Einfluß einer konstanten Kraft bewegt. Ist die Strecke, die es unter dem Einfluß des elektrischen Feldes vor dem Stoß mit einem Atom durchläuft = l, so ist die Arbeit, die das elektrische Feld an dem Elektron bzw. Ion leistet, = Kraft . Weg = K . l, wenn K die Kraft ist, die das elektrische Feld auf das Elektron bzw. Ion ausübt. Nach früherem (S. 1) ist $K = e\mathfrak{E}$, wenn e die Ladung des Elektrons bzw. Ions und $\mathfrak{E}$ die Feldstärke bedeutet. Es ist also die Arbeit des Feldes $= e\mathfrak{E} \cdot l$. War also das Elektron bzw. Ion am Anfang des Weges, den es vor dem Stoß mit dem Atom zurücklegte, merklich in Ruhe, so ist die kinetische Energie, die es auf der Strecke l unter dem Einfluß des elektrischen Felds bekommt, gleich dieser Arbeit, d. h. es ist

$$\frac{1}{2} mv^2 = e\mathfrak{E} \cdot l.$$

Nehmen wir die beiden Bedingungen zusammen, so folgt, daß mindestens

$$e\mathfrak{E}\cdot l = A$$

sein muß, wenn Stoßionierung eintreten soll. Oder anders ausgedrückt: die Feldstärke, die eben noch Stoßionisierung liefert — wir wollen sie „Ionisierungsfeldstärke" $\mathfrak{E}_i$ nennen — muß der Bedingung

$$\mathfrak{E}_i = \frac{A}{el}$$

genügen. Daraus läßt sich sofort eine wichtige Folgerung ziehen. Die Feldstärke $\mathfrak{E}_i$, die bei einem bestimmten Gas, d. h. bei einem bestimmten Wert der Ionisierungsarbeit A, eben noch Stoßionisierung gibt, ist umgekehrt proportional dem Weg l, den das ionisierende Elektron oder Ion vor dem Stoß mit dem betrachteten Atom frei durchläuft. Nun ist das Elektron oder Ion vor diesem Stoß mit irgend einem anderen Atom zusammengestoßen. Der Weg l ist also identisch mit der Strecke, die das Elektron bzw. Ion zwischen zwei aufeinander folgenden Stößen frei durchlaufen kann, d. h., er ist das, was man im Anschluß an die bekannte Bezeichnung der kinetischen Gastheorie die „freie Weglänge" des Elektrons bzw. Ions zu nennen hat. Da die Anordnung der Gasatome in einem Gas eine vollkommen ungeordnete ist, so wird dieser Weg zwischen je zwei Stößen im allgemeinen verschieden sein, aber um einen gewissen Mittelwert schwanken, den man als „mittlere freie Weglänge" der Elektronen bzw. Ionen in dem betreffenden Gas bezeichnet. Diese fällt augenscheinlich um so größer aus, je größer der Abstand zwischen den einzelnen Gasatomen oder Molekeln, d. h. je weniger dicht das Gas, je geringer sein Druck ist. Wird also der Druck eines Gases durch eine Luftpumpe stark erniedrigt, so genügt eine viel kleinere Feldstärke — die mittlere freie Weglänge ist ungefähr dem Druck umgekehrt proportional — zur Stoßionisierung, als wenn das Gas unter Atmosphärendruck stünde. Das war der Grund, warum ich den Versuch mit dem Ringstrom in der Kugel bei sehr geringem Druck des Gases gemacht habe. Hätte ich ihn bei Atmosphärendruck machen wollen, so würde er eine Feldstärke erfordert haben, die ich mit meiner Apparatur nicht hätte herstellen können. Ganz falsch ist aber die weit verbreitete Ansicht, daß ein Gas von sehr niedrigem Druck, wie man es z. B. in Geißler-Röhren hat, ein Leiter sei. Ein Gas bei niedrigem Druck ist an sich genau so wenig ein Leiter, wie ein solches bei Atmosphärendruck; es kann nur bei viel kleineren Feldstärken durch Stoßionisierung leitend gemacht werden.

Ionenstrom in Röhren mit Elektroden.

Ich werde Ihnen nun einen anderen Versuch (Abb. 18) zeigen. Ein langes Rohr mit zwei zylinderförmigen Elektroden

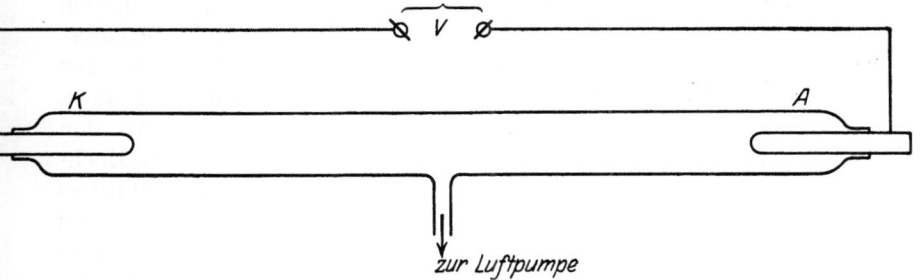

Abb. 18. Glimmstrom in einer Röhre mit Elektroden.

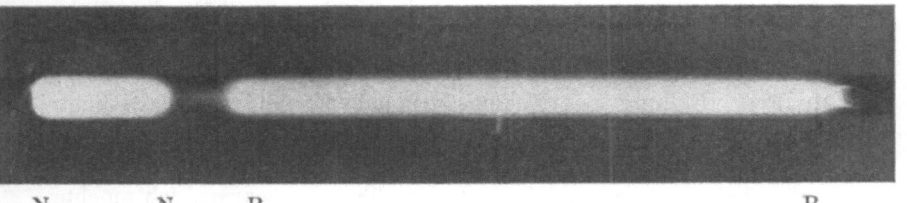

Abb. 19. Glimmstrom in einer Röhre mit Elektroden.

K und A steht mit einer Luftpumpe in Verbindung, durch die der Druck im Rohr erniedrigt werden kann. Die Elektroden liegen an einer Hochspannungs-Gleichstromquelle V. Sobald die Luftpumpe für einen genügend niedrigen Druck in dem Rohr gesorgt hat und Strom — in dieser Form meist als „Glimmstrom" bezeichnet — durch die Röhre fließt, sehen Sie in demselben eine Leuchterscheinung (Abb. 19), die im wesentlichen aus zwei Teilen besteht: einem mächtigen rötlich-gelben Lichtband P_1P_2, das fast das ganze Rohr erfüllt, und einem viel schwächeren bläulichen Licht N_1N_2, das die negative Elektrode K einhüllt. Man bezeichnet das erstere als positive Lichtsäule, das letztere als negatives Glimmlicht.

Positive Lichtsäule.   Moore-Licht.

Bezüglich der positiven Lichtsäule liegen die Verhältnisse in allen wesentlichen Punkten wie bei dem elektrodenlosen Ringstrom. Ich brauche darauf also nicht noch einmal einzugehen. Betonen aber möchte ich, daß diese positive Lichtsäule nicht nur für Spektraluntersuchungen in den bekannten Geißler-Röhren, sondern auch für Beleuchtungszwecke in dem sog. Moore-Licht praktisch verwendet wird. Beim Moore-Licht wird gewöhnlich an der Decke des zu beleuchtenden Saales ein langes Glasrohr zickzackförmig hin- und hergeführt, das mit Gas von sehr niedrigem Druck gefüllt ist. An den Enden sind zwei Elektroden angebracht, die mit den Hochspannungspolen eines Transformators verbunden sind. Wird es mit Wechselstrom beschickt, so leuchtet das Innere des Rohres in seiner ganzen Länge, ähnlich wie Sie das bei dem Versuch Abb. 19 sahen. Wegen der großen Ausdehnung der Lichtquelle wird der Saal beinahe schattenlos beleuchtet. Die Farbe des Lichtes kann verschieden gewählt werden; enthält das Rohr Stickstoff, so ist sie gelblich-rot, wie bei dem eben vorgeführten Versuch; enthält es Neon, so ist sie ein tieferes Rot und bei Füllung mit Kohlensäure nahezu weiß wie Tageslicht. Mit einer solchen Moore-Lichtanlage ist der Hörsaal des Elektrotechnischen Instituts in Danzig ausgerüstet; ich habe mich jedesmal, wenn ich dort war, über das warme, ich möchte fast sagen märchenhafte Licht gefreut, das in dem Saale herrschte. Hier in München soll ein Café eine Moore-Lichtanlage haben. Gesehen habe ich sie noch nicht; ein Professor geht gegenwärtig in kein Café.

Negatives Glimmlicht.   Glimmlichtlampe.

Das negative Glimmlicht, das bei dem Versuch Abb. 19 die Kathode in bläulicher Farbe umgab, verdankt seine Entstehung dem folgenden Vorgang (Abb. 20a). Wenn einmal die Entladung im Gange, das Gas im Innern des Rohres ionisiert ist, werden die positiven Ionen durch das elektrische Feld im Rohr

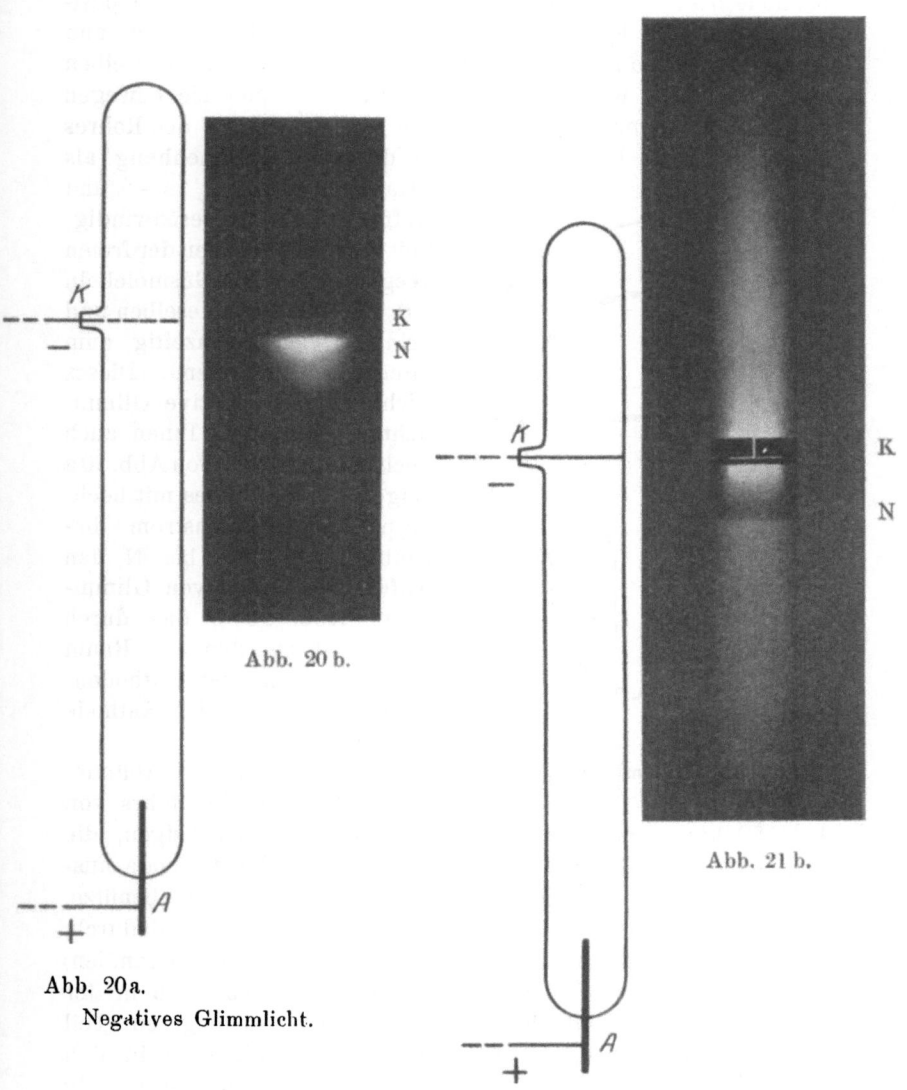

Abb. 20a.
Negatives Glimmlicht.

Abb. 20b.

Abb. 21b.

Abb. 21a.
Kanalstrahlen und negatives Glimmlicht.

gegen die Kathode K getrieben. Da das Feld in der Nähe der Kathode besonders große Feldstärke besitzt, so treffen die positiven Ionen die Kathode mit sehr großer Geschwindigkeit und lösen durch ihren Stoß auf die Kathode Elektronen aus derselben aus. Auf diese wirkt sofort das starke Feld und sie bewegen sich infolge davon von der Kathode weg ins Innere des Rohres hinein — man bezeichnet sie in diesem Zusammenhang als „Kathodenstrahlen" — und treffen mit großer Geschwindigkeit nach Durchlaufen der freien Weglänge auf die Gasmolekeln auf. Sie ionisieren dieselben und bringen sie gleichzeitig zum intensiven Leuchten. Dieses Licht ist das negative Glimmlicht. Ich will es Ihnen auch noch mit dem Rohr von Abb. 20a zeigen. Sobald ich es mit hochgespanntem Gleichstrom betreibe, sehen Sie bei N den Anfang des negativen Glimmlichts (Abb. 20b), das durch einen nahezu dunkeln Raum (man nennt ihn den Kathodendunkelraum) von der Kathode K getrennt ist.

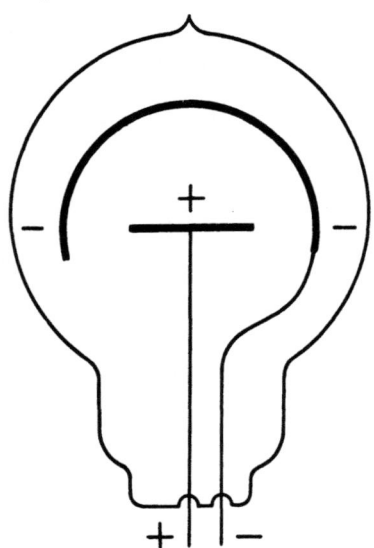

Abb. 22. Glimmlicht-Lampe.

Mit einer leichten Abänderung (Abb. 21a) des Rohrs von Abb. 20 kann ich Ihnen auch die positiven Ionen zeigen, die nach dem oben Gesagten die Elektronen aus der Kathode auslösen sollen. Die Röhre, die ich zu diesem Zweck benütze, unterscheidet sich von derjenigen in Abb. 20a nur dadurch, daß ihre Kathode mit einer großen Zahl von Löchern (Kanälen) versehen ist. Wenn in dieser Röhre die positiven Ionen in der Richtung auf die Kathode getrieben werden, so fliegt ein Teil derselben durch die Löcher in der Kathode hindurch in den Raum oberhalb derselben, ähnlich wie bei dem Versuch (Abb. 17b) durch die Öffnungen im Gitter. Da sie die neutralen Gasatome durch ihren Stoß zum Leuchten anregen, so sehen Sie den Weg dieser positiven Ionen als rötlich-gelb leuchtendes Bündel oberhalb der Kathode (Abb. 21b). Man hat ihnen, da sie aus den Kanälen der Kathode herauskommen, den Namen „Kanalstrahlen" beigelegt.

Das negative Glimmlicht hat in neuerer Zeit eine sehr hübsche Anwendung gefunden in der Glimmlichtlampe der Firma J. Pintsch. Bei derjenigen Type, die für Gleichstrom gebaut worden ist,

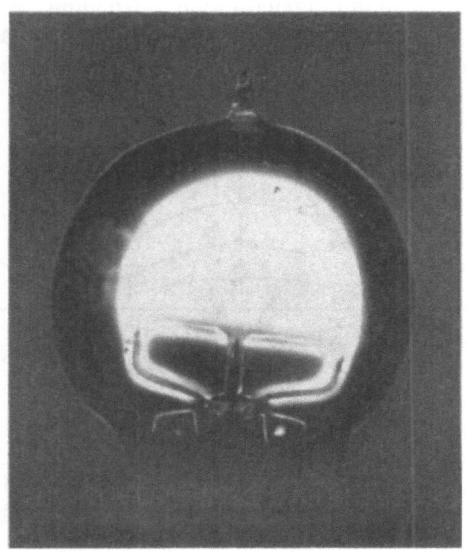

Abb. 23. Glimmlicht-Lampe.

besteht die Kathode aus einem halbkugelförmigen Blech, wie es der schematische Schnitt von Abb. 22 zeigt. Wird die Lampe in Betrieb gesetzt, und zwar genügt dafür schon eine Spannung von 220 Volt, so bedeckt sich diese Kathode mit dem negativen Glimmlicht (Abb. 23), das bei einer Füllung der Lampe mit einer Mischung von Neon und Helium orange-gelb leuchtet. Die Lampen, die die geringe Leistung von 5 Watt brauchen, genügen zur Beleuchtung von Gängen oder anderen Räumen, in denen man nur wenig Licht braucht. Ein besonders dankbares Feld für dieselben ist die Reklamebeleuchtung. Da das Glimmlicht die Form der Kathode annimmt, so braucht man nur der Kathode die Form von Buchstaben zu geben, um mit Hilfe dieser Lampen beliebige Namen hell auf dunklem Grund hervorzaubern zu können.

Die „Korona".

Eine ganz andere Form eines elektrischen Stroms zwischen zwei Elektroden in einem Gas ist Ihnen bekannt: die „Korona"-Bildung an Hochspannungsleitungen. Nehmen wir den einfachsten Fall einer Einphasenleitung mit den beiden Drähten A und B (vgl. den Schnitt Abb. 24). Werden dieselben an die

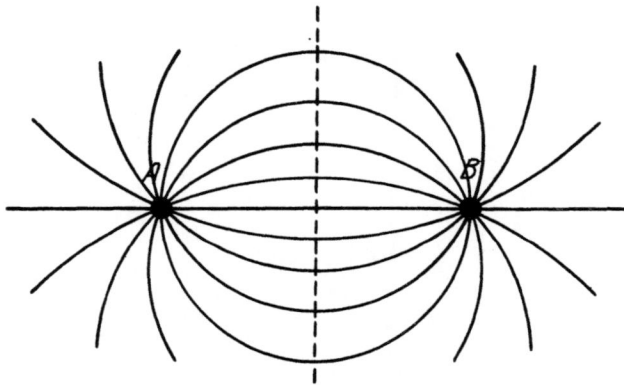

Abb. 24. Feld zwischen den Drähten einer Einphasen-Leitung.

beiden Pole einer Hochspannungsquelle angeschlossen, so haben die Kraftlinien des elektrischen Felds zwischen ihnen die Form von Abb. 24. Wesentlich daran ist, daß die Kraftlinien in unmittelbarer Nähe der Drähte am konzentriertesten, in der — in Abb. 24 gestrichelten — Symmetrieebene am wenigsten dicht sind. Das bedeutet, daß die Feldstärke am größten ist in unmittelbarer Nähe der Leitungen und gegen die Symmetrieebene hin kontinuierlich abnimmt. Es werde nun die Spannung zwischen A und B und damit die Feldstärke in jedem Punkt des Felds allmählich gesteigert. Sobald dann in der Nähe der Drähte die Ionisierungsfeldstärke erreicht ist, tritt dort die Ionisierung des Gases ein. Aber auch nur dort; denn in weiterer Entfernung von den Leitungen ist die Feldstärke noch viel zu klein, um das Gas zu ionisieren oder auch nur zum Leuchten anzuregen. Infolge davon kommt das Gas in unmittelbarer Nähe der Leitungen zum Leuchten, nicht aber in größerer Entfernung davon. Die Leitungen erscheinen von einer leuchtenden Hülle bedeckt, wie Sie das wohl bei Hochspannungsleitungen in dunkeln Nächten schon gesehen haben.

Für den Strom zwischen den beiden Leitungen ergibt sich aus dem Gesagten das Folgende. Wenn im betrachteten Moment die Leitung A positiv, B negativ ist, so bewegen sich die in unmittelbarer Nähe von A entstehenden freien Elektronen bzw. negativen Ionen auf die Leitung A zu, die positiven Ionen von der Leitung A weg und zur Leitung B hinüber. Ebenso erfolgt

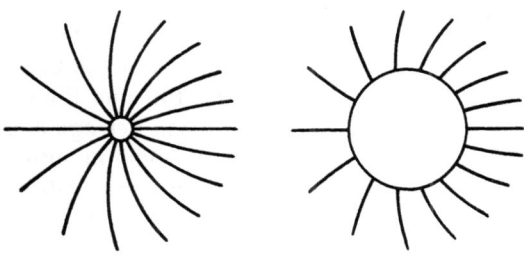

Abb. 25a.   Abb. 25b.
Feld an der Oberfläche einer schwachen (a) und einer starken (b) Leitung.

in der unmittelbaren Umgebung der Leitung B eine Bewegung der dort entstehenden positiven Ionen auf den Draht B zu und der negativen Ionen oder freien Elektronen von der Leitung B weg nach A. Zwischen den beiden Leitungen, aber in größerer Entfernung von ihnen haben wir also eine Bewegung der von A kommenden positiven Ionen in der einen, der von B kommenden negativen Ionen in der anderen Richtung. Eine Neubildung von Ionen findet in größerem Abstand von den Leitungen nicht statt, da die Feldstärke dort für Stoßionisierung nicht ausreicht. Auf diese Weise bleibt der Strom zwischen den beiden Leitungen und damit der Koronaverlust verhältnismäßig klein. Es ist ein Segen, daß es so ist. Würde es im ganzen Raum zwischen den beiden Leitungen zur Stoßionisierung kommen, so würde man einen Querstrom von einer ganz anderen Größenordnung erhalten, der Ihnen die Energieübertragung durch hochgespannte Ströme gründlich verleiden würde.

32   Ionenströme in Gasen.

Auf eine Konsequenz des Ausgeführten bezüglich des Drahtdurchmessers möchte ich Sie noch aufmerksam machen. Sie wissen, daß die Korona-Verluste bei denselben Spannungen um so kleiner werden, je größer der Querschnitt der Leitungen ist. In Abb. 25 a und b ist nun das elektrische Feld für 2 Leitungen von verschiedenem Querschnitt dargestellt, und zwar in Abb. 25 a für eine sehr schwache und in Abb. 25 b für eine viel stärkere Leitung. In beiden Abbildungen ist die nicht eingezeichnete Rückleitung (B Abb. 24) in demselben Abstand und die Spannung zwischen Hin- und Rückleitung von demselben Betrage angenommen. Wie die Bilder unmittelbar zeigen, sind an der Oberfläche der schwachen Leitung die elektrischen Kraftlinien viel dichter als an der Oberfläche der starken. Es wird deshalb an der schwachen Leitung bei viel geringeren Spannungen die Ionisierungsfeldstärke erreicht und es treten deshalb dort viel früher Koronaverluste auf als bei der Leitung von größerem Querschnitt.

Zum Schluß dieser Erörterung über die Korona will ich Ihnen die Erscheinung wenigstens in einem Demonstrationsversuch vorführen, und zwar in der folgenden Form (vgl. die schematische Abb. 26). An einer Spule $S_1 S_2$ von sehr viel Windungen ist ein Draht $D_1 D_2$ entlang geführt und zwischen Draht und vertikaler Spule eine Koppelungsspule L' eingeschaltet, auf welche die Entladungsschwingungen des Kondensatorkreises $C_1 F C_2 L$, der durch einen Resonanz-

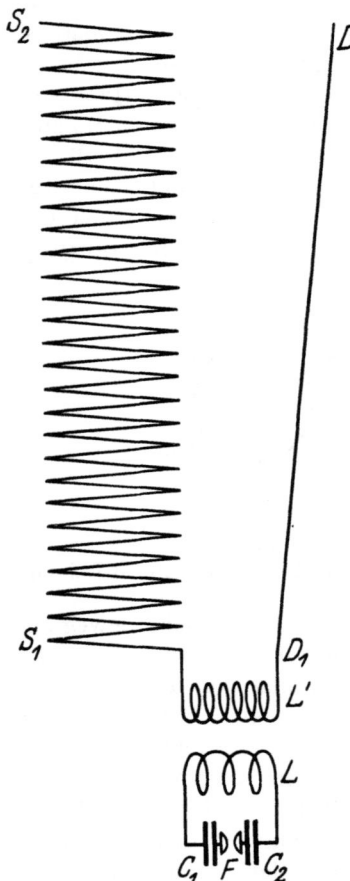

Abb. 26. Demonstration der Korona.

transformator betrieben wird, induzieren. Man erhält auf diese Weise sehr hohe Spannungen zwischen der Spule $S_1 S_2$ und dem Draht $D_1 D_2$. Die Luft in der unmittelbaren Umgebung des dünnen Drahtes wird ionisiert und der Draht erscheint von einem hellen Licht umgeben, ein Bild, wie man es früher bei den Antennen der drahtlosen Telegraphie bei Nacht häufig beobachtete — sog. „Sprühen" der Antennen —, als man diese Antennen noch erheblich zu überlasten pflegte.

Die elektrische Entstaubung.

Ich habe den Versuch absichtlich in einer Form gemacht, die zu einer praktischen Verwendung der Korona überleiten sollte. Sie sahen bei dem Versuch, daß der dünne Draht $D_1 D_2$ sehr starke, die Spule $S_1 S_2$ kaum sichtbare Koronabildung zeigte. Der Grund ist der, daß die Spule mit ihren vielen einander sehr nahe liegenden Windungen für das elektrische Feld zwischen ihr und dem Draht $D_1 D_2$ nahezu ebenso wirkt, wie wenn die Spulenwindungen einander berührten oder die ganze Spule durch einen Blechzylinder ersetzt wäre. Die Verhältnisse liegen dann merklich so, wie in dem einfacheren und übersichtlicheren Fall, der in Abb. 27 im

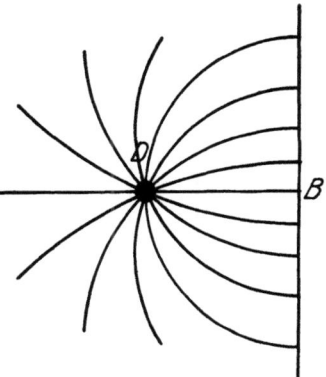

Abb. 27. Feld zwischen Draht und Blech.

Querschnitt dargestellt ist: ein gerader Draht D, ihm gegenüber ein ebenes Blech B, der Draht an den einen (z. B. positiven), das Blech an den anderen (z. B. negativen) Pol einer Hochspannungsquelle angeschlossen. In diesem Fall erhalten die Kraftlinien des elektrischen Felds die in Abb. 27 eingezeichnete Form. Sie verlaufen so, wie in der linken Hälfte von Abb. 24; an die Stelle der dort gestrichelten Symmetrieebene tritt das Blech B. Die Kraftlinien sind in unmittelbarer Umgebung des Drahts D stark konzentriert, dagegen sehr wenig dicht an der Oberfläche des Blechs. Die Folge davon ist, daß schon bei **verhältnismäßig** geringen Spannungen an der Oberfläche des

Drahts, nicht aber an derjenigen des Blechs, Ionisierung des Gases entsteht. Unter der Wirkung des Felds bewegen sich dann die negativen Ionen auf den Draht zu, die positiven fliegen von dem Draht weg zum Blech hinüber.

Nun möge in dem Raum zwischen dem Draht und dem Blech Staub oder Rauch vorhanden sein. Dann setzen sich — bei der angenommenen positiven Ladung des Drahts — die negativen Ionen, die diesen Raum durchwandern, mindestens teilweise an den Staub- bzw. Rauchteilchen fest. Diese erhalten dadurch positive Ladung und werden nun durch das Feld mit solcher Gewalt an das Blech getrieben, daß sie dort festhaften. Das ist das Prinzip der elektrischen Entstaubung. Wesentlich für dieselbe ist also eine Elektrode, in deren Umgebung das Gas ionisiert wird, eine zweite Elektrode mit größerer Oberfläche, an der die Staubteilchen ausgeschieden werden, eine Hochspannungs-Gleichstromquelle, die für das nötige Feld zwischen den beiden Elektroden sorgt, und eine Anordnung, um die mit Staub verunreinigte Luft in den Raum zwischen den beiden Elektroden zu treiben.

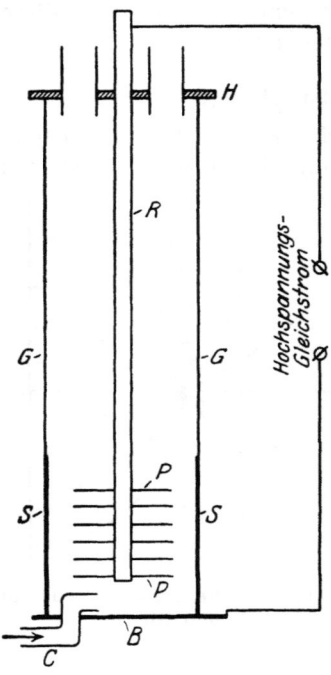

Abb. 28. Demonstration der elektrischen Entstaubung.

Ein solcher Versuch in einer für die Vorlesung geeigneten Form ist hier aufgebaut (Abb. 28). Ein großer Glaszylinder G ist oben durch einen Holzdeckel H, unten durch einen Boden B aus Blech abgeschlossen und an seinem unteren Teil an der Innenseite mit Stanniol S beklebt, das mit dem Blechboden in leitender Verbindung steht. In dem Holzdeckel ist ein Messingrohr R befestigt, das unten eine Reihe von dünnen, an dem Umfang etwas angeschärften Blechplatten P trägt. Das Rohr R mit den Blechplatten kann an den einen, der Blechboden B und damit der Stanniolbelag S an den anderen Pol einer Hochspannungs-Gleichstromquelle angeschlossen werden. Wird nun durch ein Rohr C, das tangential zur Zylinderoberfläche durch den Blechboden B hindurchtritt, Rauch in den Glaszylinder eingeblasen, so füllt sich das ganze Innere des Glaszylinders mit Rauch und es entweichen durch die beiden Schornsteine oben am Deckel mächtige Rauchwolken. Wird jetzt die Hochspannungsquelle angeschaltet, so wird in kürzester Zeit der ganze innere, vom Stanniol nicht verdeckte Teil des Glaszylinders vollkommen rauchfrei, und es ist kein Wölkchen mehr an den Schornsteinen zu sehen, trotzdem der Rauchentwicklungsapparat dauernd in Tätigkeit ist. In diesem Fall wird also die Ionisierungselektrode durch die Platten mit ihren scharfen Kanten, die Elektrode von großer Oberfläche durch den Stanniolbelag dargestellt. Auf der letzteren können Sie nachher den abgeschiedenen Rauch als braunen Überzug sehen.

Ich will nicht behaupten, daß die Anordnung in der vorgeführten Form direkt für technische Entstaubung zu empfehlen wäre. Aber auf der anderen Seite handelt es sich dabei auch nicht um eine physikalische Spielerei. Wie Ihnen bekannt ist, sind in Amerika schon seit längerer Zeit elektrische Entstaubungsanlagen größten Stils in Betrieb und auch in Deutschland ist in neuerer Zeit die elektrische Entstaubung von verschiedenen Firmen aufgenommen worden.

III. Der Lichtbogen.

Der letzte Gegenstand, den ich noch besprechen wollte, ist der Lichtbogen. Bei der ersten Art von Strömen, die wir kennen gelernt haben, dem Elektronenstrom im Hochvakuum, waren die beweglichen geladenen Teilchen dem Raum, in dem die Strömung stattfinden sollte, aus dem Glühdraht zugeführt. Man nennt einen solchen Strom einen „unselbständigen", da er für die Beschaffung der nötigen geladenen Teilchen (Elektronen oder Ionen) auf fremde Hilfe angewiesen ist. Im Gegensatz dazu steht der Ionenstrom in Gasen, bei dem die für den Strom nötigen Elektronen und Ionen durch dasselbe elektrische Feld, das den Strom verursacht, geschaffen und immer wieder ersetzt werden. Eine solche Strömung wird als „selbständige" bezeichnet. Eine Verbindung zwischen selbständiger und unselbständiger Strömung stellt der Lichtbogen dar. Bei ihm rühren die Elektronen bzw. Ionen, die den Strom vermitteln, zum Teil aus einer glühenden Elektrode her wie bei dem unselbständigen Elektronenstrom im Hochvakuum, zum Teil werden sie in der Strombahn durch Stoßionisierung gebildet wie bei dem selbständigen Ionenstrom in Gasen.

Die elektrischen Vorgänge im Lichtbogen.

Wenn ein Kohlelichtbogen in Betrieb ist, so sind, wie Sie wissen, die beiden Elektroden (Kohlen) an ihren einander zugekehrten Enden weißglühend. Es treten dann sowohl aus der Kathode als aus der Anode Elektronen aus, da sich Kohle auch

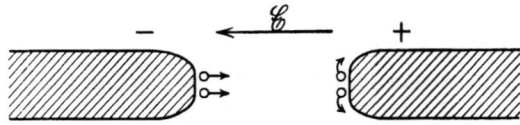

Abb. 29. Elektronenemission im Lichtbogen.

in dieser Beziehung wie ein Metall verhält. Insofern besteht kein Unterschied zwischen den beiden Elektroden. Wesentlich verschieden ist aber das Schicksal der Elektronen, je nachdem sie aus der Kathode oder aus der Anode stammen. Sobald sie aus den Kohlen herauskommen, wirkt auf sie das elektrische Feld. Seine Richtung ist in Abb. 29 durch einen langen Pfeil bezeichnet; ihr entgegengesetzt ist die Kraft, die die Elektronen infolge ihrer negativen Ladung erfahren. Durch diese Kraft werden die Elektronen, die aus der Kathode hervorgegangen sind, in ihrer Bewegung beschleunigt und zur Anode hingetrieben. Ihre Bewegung würde also allein schon genügen, um einen Strom zwischen den beiden Elektronen zu liefern, ähnlich wie das bei dem Elektronenstrom im Hochvakuum der Fall war. Außerdem aber können sie in dem Gas zwischen den beiden Elektroden durch Stoßionisierung neue Elektronen und Ionen schaffen und damit eine Vermehrung des Stromes hervorrufen. Im Gegensatz dazu treffen die aus der Anode kommenden Elektronen höchst ungünstige Verhältnisse an, sobald sie die Anode verlassen. Die Kraft, die das Feld auf sie ausübt, wirkt ihrer Bewegung entgegen und verhindert sie in die Strombahn zu kommen. Sie werden zur Anode oder wo sie sich sonst hinflüchten mögen, zurückgetrieben und beteiligen sich in keiner Weise an dem Strom zwischen den beiden Elektroden. Die Rolle, welche die beiden Elektroden bei den elektrischen Vorgängen spielen, ist also ganz verschieden von derjenigen für die Beleuchtung. Das Licht wird, wie Sie wissen, bei einer Kohlebogenlampe zum allergrößten Teil von der Anode ausgesandt, sie ist dafür der wichtigste Teil der Lampe. Für die elektrischen Vorgänge ist es gerade umgekehrt: **die glühende Kathode ist die notwendige Bedingung für einen Lichtbogen.**

Versuche mit Kohlelichtbogen.

Einige Versuche sollen Ihnen das illustrieren. Zuerst will ich einen Lichtbogen herzustellen versuchen zwischen einer Kohle

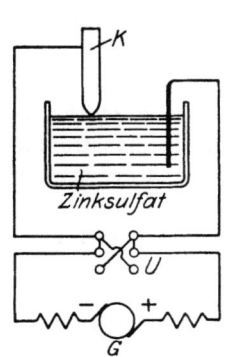
Abb. 30. Lichtbogen zwischen Kohle und Elektrolyt.

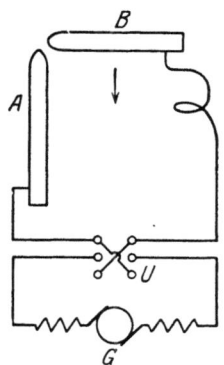
Abb. 31. Versuch mit Kohlelichtbogen.

und einem Elektrolyten, z. B. Zinksulfat, das sich in einem Glas befindet, in welches ein Zinkblech hereintaucht (Abb. 30). Durch einen Umschalter U kann entweder die Kohle K oder das Zinksulfat an den negativen Pol der Gleichstromzentrale G angeschlossen werden. Schließe ich die Kohle an und bringe sie für einen Augenblick zur Berührung mit der Oberfläche des Zinksulfats, so erhalte ich einen ganz leidlichen Lichtbogen. Wird dagegen das Zinksulfat durch Umlegen des Umschalters zur Kathode gemacht, so ist es ganz unmöglich, irgend etwas, was man als Lichtbogen bezeichnen könnte, fertig zu bringen. Das Zinksulfat ist eben nicht wie die Kohle imstande, eine glühende Kathode zu liefern.

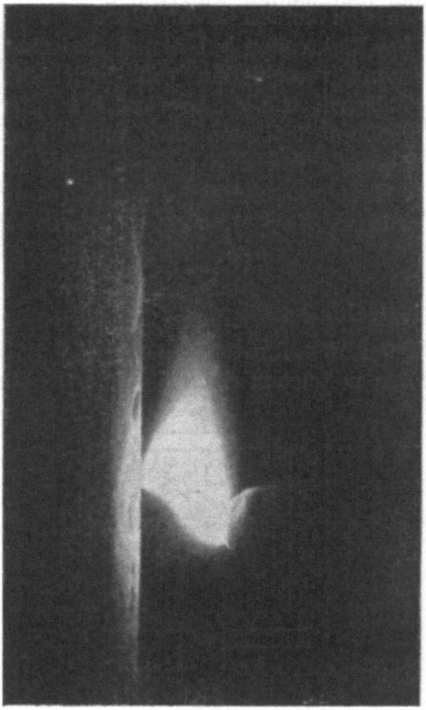

Es könnte der Verdacht bestehen, daß bei dem Versuch nicht nur die Unfähigkeit des Zinksulfats eine hohe Temperatur anzunehmen, sondern auch seine Eigenschaft als Elektrolyt, im Gegensatz zum metallischen Leiter oder Kohle, von Bedeutung ist. Ich führe Ihnen deshalb einen zweiten sehr bekannten Versuch mit zwei Kohlen vor. Von den beiden Kohlen, die wieder durch einen Umschalter U (Abb. 31) an die Gleichstromzentrale G gelegt werden können, ist die eine (A Abb. 31) an einem Stativ vertikal befestigt, die andere (B) habe ich in einen Halter eingespannt und kann sie an der Kohle A entlang führen, nachdem ich zuerst in der Stellung von Abb. 31 den Bogen durch Berührung der beiden Kohlen gezündet habe. Verbinde ich nun die bewegliche Kohle B mit dem negativen Pol der Zentrale, so daß sie also Kathode des Lichtbogens ist, so geschieht das, was man von vornherein erwartet: der Lichtbogen geht stets von der beweglichen Kohle B zu dem zunächst gelegenen Teil der Anode A über, wie es die photographische Aufnahme (Abb. 32) für einen bestimmten Moment zeigt. Wird nun der Umschalter umgelegt und damit A Kathode, B Anode, so ist das Bild ein

Abb. 32. Versuch mit Kohlelichtbogen.

ganz anderes. Der Lichtbogen bleibt an der Spitze von A, an der er gezündet wurde, wie festgeklebt und geht von dort nach der Spitze von B (vgl. die Momentaufnahme Abb. 33), um schließlich abzureißen, wenn er zu lang geworden ist. Er kann nicht nach einer kalten Stelle der Kathode A übergehen, wie er es müßte, wenn er dieselbe Form, wie in Abb. 32 annehmen sollte.

Noch einfacher ist der dritte Versuch. Um eine Kohlebogenlampe zu zünden, bringt man gewöhnlich die beiden Kohlen zur Berührung. An der Berührungsstelle, die eine Art Lockerkontakt darstellt, werden die beiden Kohlen durch den Strom erhitzt. Zieht man sie dann auseinander, so hat man die für den Lichtbogen nötige glühende Kathode und der Bogen brennt weiter. Es ist zu erwarten, daß eine Berührung der beiden Kohlen gar nicht nötig ist, wenn man auf irgend eine andere Weise für die glühende

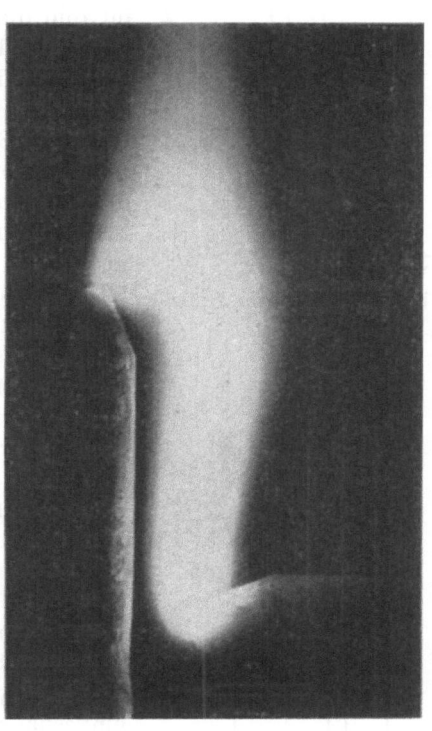

Abb. 33. Versuch mit Kohlelichtbogen.

Kathode sorgt. Zu dem Zweck habe ich eine Kohlebogenlampe, wie sie für die Projektion dient, an die Gleichstromzentrale angeschlossen und in die Leitung einen Ausschalter S gelegt (Abb. 34). Ich zünde die Lampe zuerst in normaler Weise durch Zusammenbringen der beiden Kohlen, schalte dann für einen Augenblick aus und dann wieder ein. Die Lampe zündet beim Einschalten von selbst wieder, ohne daß die beiden Kohlen sich berührten, und zwar einfach deshalb, weil die Kathode während der kurzen Unterbrechungszeit noch genügend heiß

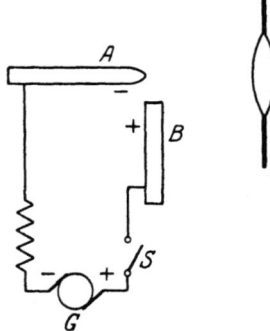

Abb. 34. Selbsttätiges Wiederzünden von Lichtbogen nach kurzer Unterbrechung.

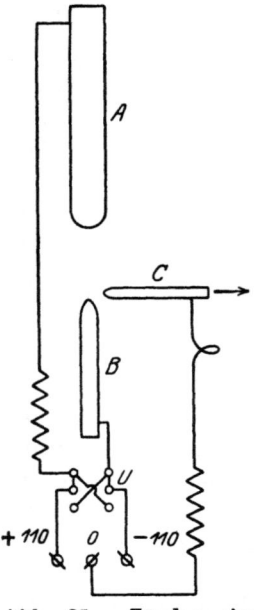

Abb. 35. Zünden eines Lichtbogens durch eine Hilfszündung.

blieb, um reichlich Elektronen auszusenden. Daß es daran wirklich lag, beweise ich Ihnen, indem ich die horizontale Kohle A zur Kathode mache und ihr Bild durch eine Linse (vgl. Abb. 34) auf den Projektionsschirm entwerfe. Wenn ich den Versuch jetzt wiederhole, so sehen Sie auf dem Schirm direkt, daß der Bogen wieder zündet, wenn die Unterbrechung so kurz war, daß die horizontale Kohle noch hellglühend blieb. Wird der Strom so lange ausgeschaltet, daß diese Kohle kaum mehr leuchtet, so zündet der Bogen nicht von selbst wieder. Ich habe Ihnen diesen Versuch gezeigt, weil er wichtig ist für den Betrieb von Bogenlampen durch Wechselstrom. Bei Wechselstrom geht ja der Strom durch Null hindurch, die Lampe erlischt also für einen Augenblick; daß sie dann sofort wieder zündet, hat den eben angegebenen Grund.

Endlich noch ein Versuch (Abb. 35), der mit Rücksicht auf eine später zu besprechende Anordnung instruktiv ist. An einem Stativ sind 2 Kohlen A und B (Abb. 35) von einander isoliert, vertikal eingespannt; eine dritte Kohle C ist in einem Halter befestigt. C ist mit dem Nulleiter der Gleichstromzentrale, A mit dem positiven (+ 110 Volt), B mit dem negativen (— 110 Volt) verbunden. Ich berühre mit der Kohle C die Kohle B (vgl. Abb. 35) und zünde dadurch einen Lichtbogen zwischen B und C. Dann führe ich die Kohle C seitlich in der Richtung des kleinen Pfeils von Abb. 35 weg. Kaum habe ich C etwas von B entfernt, so setzt ein mächtiger, rötlichgelber Lichtbogen zwischen A und B ein — gelb, weil ich als Elektróde A eine Effektkohle genommen habe. Die Erklärung liegt nahe. Für den Bogen zwischen B und C war B die Kathode. Sobald das ionisierte Gas, das von dem Bogen BC aufsteigt, an A herankommt, erhalten wir einen Strom zwischen A und B, der in B eine glühende Kathode vorfindet; der Lichtbogen setzt sofort ein. Die Richtigkeit dieser Erklärung läßt sich einfach kontrollieren. Lege ich den Umschalter U um und damit A an den negativen, B an den positiven Pol der Zentrale, so kann ich die Hilfszündung BC so oft in Betrieb setzen als ich will. Es ist unmöglich auf diese Weise einen Bogen zwischen A und B zu erzielen; es fehlt ihm die glühende Kathode.

Das Leuchten der Bogenlampen.

Nun noch ein Wort über das **Leuchten der Bogenlampen**.

Bei gewöhnlichen Kohlebogenlampen rührt es bekanntlich von der hohen Temperatur der Kohlen, insbesondere der positiven, her. Daß diese hohe Temperatur nicht einfach von der Jouleschen Wärme des Stroms verursacht wird, ist klar. Es ist tatsächlich eine Folge des Ionenbombardements, dem die beiden Kohlen während des Brennens des Lichtbogens ausgesetzt sind. Auf die positive Kohle treffen fortgesetzt die negativen Ionen bzw. freien Elektronen auf, gleichgültig, ob sie von der Kathode ausgegangen oder im Gasraum durch Stoßionisierung gebildet sind; gegen die negative Kohle fliegen die positiven Ionen, die bei der Stoßionisierung entstehen. Die kinetische Energie, die diese Ionen bzw. Elektronen an die Kohlen abgeben, setzt sich in Wärme um.

Das Leuchten der Flammenbogenlampen (Effektbogenlampen), deren Kohlen mit einem Metallsalz getränkt oder mit einer Metallader durchzogen sind, rührt bekanntlich zum größten Teil von den Metalldämpfen her, die sich beim Betrieb zwischen den beiden Kohlen befinden. Es ist ähnlich wie bei dem Moore-Licht eine Folgeerscheinung der Stöße, die von den Ionen oder Elektronen auf die neutralen Metalldampfatome ausgeübt werden.

Der Vakuumlichtbogen.

Um Ihnen das Verhältnis zwischen dem Glimmstrom (S. 25), dem Strom mit ungeheizten Elektroden, und dem Lichtbogen, dem Strom mit heißer Kathode, und den Übergang zwischen beiden zu zeigen, habe ich noch einen besonderen Versuch aufgebaut (Abb. 36). Zwei lange Röhren mit stabförmigen, zugespitzten Elektroden, die bei der Röhre A sehr gut gekühlt, bei B ungekühlt und außerdem aus Eisen mit schlechtem Wärmeleitvermögen sind, liegen parallel zueinander an den Hochspannungspolen eines Wechselstromtransformators T und sind außerdem an dieselbe Luftpumpe angeschlossen. Es ist also in beiden Röhren sowohl die Spannung als der Luftdruck genau derselbe. Der letztere ist so gewählt, daß bei der Spannung des Transformators in beiden Röhren gerade ein schwacher Glimmstrom übergeht. Nun steigere ich durch Ausschalten des Widerstandes R in der Primärleitung des Transformators allmählich die Spannung. Es dauert dann nicht lange, bis die ungekühlten Elektroden der Röhre B durch die auftreffenden Ionen an der Spitze glühend werden. In diesem Moment setzt dann in der Röhre B, aber auch nur in dieser, ein Lichtbogen ein von außerordentlicher Helligkeit, viel heller als bei dem Moorelicht-Versuch von Abb. 18 und 19. Die Stromdichte in einem solchen Lichtbogen, dem aus der glühenden Kathode immer Elektronen zufließen, ist von ganz anderer Größenordnung als bei dem Glimmstrom, bei dem die Elektronen mühsam durch Stoß aus der Kathode herausgeholt werden müssen. Sie ist so groß, daß die Röhre B schmelzen würde, wenn ich den Versuch nicht bald unterbräche.

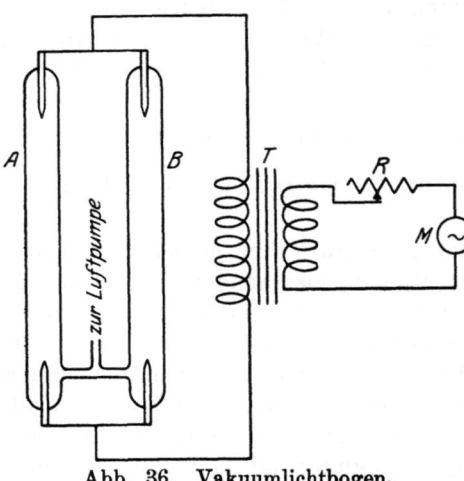

Abb. 36. Vakuumlichtbogen.

Die Quecksilberdampflampe.

In neuerer Zeit ist eine Bogenlampe nicht nur für Beleuchtungszwecke, sondern hauptsächlich als Gleichrichter in Gebrauch gekommen — die **Quecksilberdampflampe**. Für **Beleuchtung** wird sie gewöhnlich in der Form eines stark evakuierten Glas- oder Quarzrohres gebaut, in dem oben die positive Elektrode aus Kohle, Graphit oder Eisen, unten die negative Elektrode aus Quecksilber sich befindet (Abb. 37); es können aber auch beide Elektroden aus Quecksilber sein. Die positive Elektrode ist im allgemeinen so dimensioniert, daß sie bei der Betriebsstromstärke nicht in starke Glut kommt. Beim Brennen der Lampe leuchtet der Quecksilberdampf in der ganzen Länge der Röhre und zwar aus demselben Grund, aus dem die positive Lichtsäule der Moorelicht-Röhre oder der Metalldampf zwischen den Elektroden von Flammenbogenlampen Licht aussendet (vgl. S. 26 und 41). Außerdem aber sieht man auf der Oberfläche der Quecksilberkathode einen sehr hell leuchtenden, kleinen Fleck herumwandern, der lokal sehr stark erhitztes Quecksilber darstellt. Für

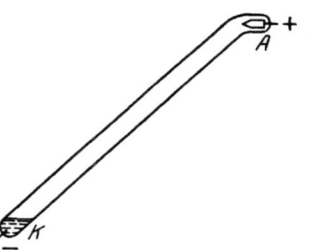

Abb. 37. Quecksilberdampf-Lampe zur Beleuchtung.

die Leuchtkraft der Lampe ist er ohne jede Bedeutung, für die elektrischen Vorgänge aber genau so wichtig, wie die glühende Kathode der Kohlenbogenlampen. Er ist es, der die Elektronen aussendet, die auf dem Weg zur Anode den Quecksilberdampf zum Leuchten bringen — wenn nämlich das Quecksilber Kathode ist.

Wie die Verhältnisse liegen, soll der folgende Versuch (Abb. 38) zeigen. Als Quecksilberdampf-Lampe verwende ich die eine Seite eines Quecksilberdampf-Gleichrichters, den mir die Allgemeine Elektrizitätsgesellschaft freundlichst zur Verfügung gestellt hat. Ein solcher Gleichrichter besitzt eine Quecksilberelektrode K und zwei Elektroden A_1 und A_2 aus Graphit, außerdem noch eine Elektrode H, die ebenfalls mit Quecksilber bedeckt ist. An A_1 und K kann ich durch einen Umschalter U die Pole unserer Gleichstromzentrale legen, zwischen K und H habe ich die Hochspannungspole eines kleinen Transformators T geschaltet, der durch eine kleine Wechselstrommaschine M betrieben werden kann. Schalte ich den Wechselstrom mit dem Schalter S ein, so bildet sich zwischen H und K ein Funken oder kleiner Lichtbogen und in demselben Moment setzt auch der Hauptlichtbogen zwischen A_1 und K ein, aber nur dann, wenn A_1 am positiven, K am negativen Pol der Gleichstromzentrale liegt. Pole ich durch Umlegen des Umschalters um, so kann ich dem kleinen Transformator so viele Funken entlocken als ich will, der Lichtbogen zwischen A_1 und K wird niemals gezündet. Die Erklärung für den Versuch ist genau dieselbe, wie in dem entsprechenden Versuch Abb. 35 mit der Kohlebogenlampe: der kleine kurzdauernde Lichtbogen zwischen H und K dient als Hilfszündung, wie dort der Bogen zwischen B und C. Er erhitzt die Quecksilberoberfläche an einer minimalen Stelle, die nun Elektronen aussendet und damit die Bedingung für das Einsetzen des Lichtbogens A_1K, die glühende Kathode, erfüllt, wenn K negative, A_1 positive Elektrode ist. Liegt K am positiven und A_1 am negativen Pol, so fehlt die glühende Kathode.

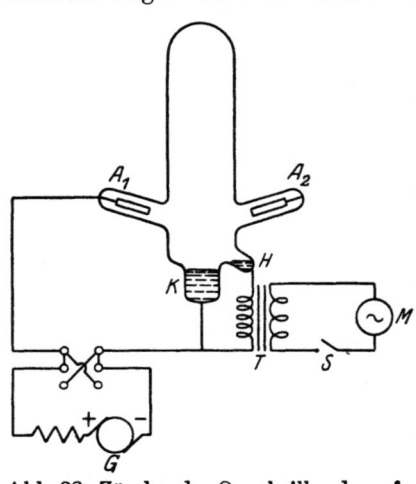

Abb. 38. Zünden der Quecksilberdampf-Lampe durch Hilfszündung.

Der Quecksilberdampf-Gleichrichter.

Nun nehmen Sie an, es werde zwischen H und K ein kleiner Hilfsbogen durch eine Gleichstromquelle dauernd unterhalten, so daß also die Oberfläche des Quecksilbers K dauernd lokal erhitzt wird und Elektronen aussendet. Wenn wir dann zwischen A_1 und K statt einer Gleichstrommaschine eine Wechselstrommaschine oder einen Transformator legen ähnlich wie bei dem Versuch Abb. 7, so muß das Folgende eintreten. In denjenigen Halbperioden, in denen das Quecksilber K negativ ist,

Der Quecksilberdampf-Gleichrichter.

geht ein Bogen zwischen A_1 und K über, in den Halbperioden dagegen, in denen das Quecksilber positive Spannung hat, bleibt die Röhre zwischen A_1 und K stromlos. Im einfachsten Fall[1]) würde der Strom durch die Röhre also die Form der Kurve i (in Abb. 39) haben, wenn die Kurve e den zeitlichen Verlauf der Spannung von A_1 gegen K wiedergibt. Die Anordnung stellt einen Gleichrichter dar, aber vorläufig noch einen recht schlechten. Er krankt daran, daß der Hilfsbogen zwischen H und K dauernd im Gang bleiben muß, und dann hauptsächlich daran, daß man für den Gleichstrom immer nur die Hälfte einer Wechselstromperiode ausnützt.

Den ersten Nachteil dadurch zu vermeiden, daß man den Hilfsbogen, nachdem der Hauptbogen einmal gezündet ist, ein-

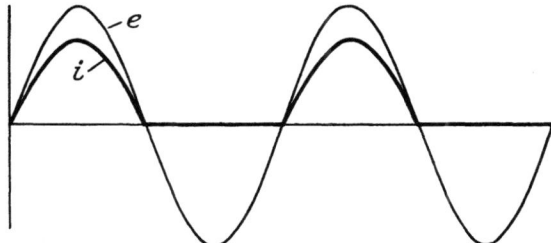

Abb. 39. Schematischer Stromverlauf in einem Wechselstrom-Gleichrichter bei Ausnützung nur einer Halbperiode.

fach wegläßt in der Erwartung, daß die lokale Erhitzung des Quecksilbers schon bis zur nächsten Periode vorhalten werde wie bei dem Versuch Abb. 34, geht nicht an. Diese lokale Erhitzung verschwindet bei einer Quecksilberdampf-Lampe fast momentan, ganz im Gegensatz zu den oben (S. 40) besprochenen Verhältnissen bei der Kohlebogenlampe.

Den zweiten Nachteil umgeht eine sehr bekannte Schaltung (Abb. 40). Die beiden Elektroden A_1 und A_2 des Gleichrichters werden an die beiden Sekundärpole S_1 und S_2 eines Wechselstromtransformators angeschlossen. Die Quecksilberelektrode K wird durch die Leitung, die den Gleichstrom führen soll, mit einer Anzapfstelle S in der Mitte der Sekundärwicklung des Transformators verbunden. Es hat dann in der einen Halbperiode des Wechselstroms S_1 positive Spannung gegen S, in

---

[1]) Wenn der Strom nicht durch die Quecksilberlampe etwas defor-

der anderen Halbperiode S_2. Ist also der Bogen einmal gezündet, so geht der Strom in der einen Halbperiode von A_1 nach K, in der zweiten Halbperiode von A_2 nach K, wobei K in beiden Halbperioden die Kathode bildet und die Leitung K S in beiden Halbperioden vom Strom in derselben Richtung

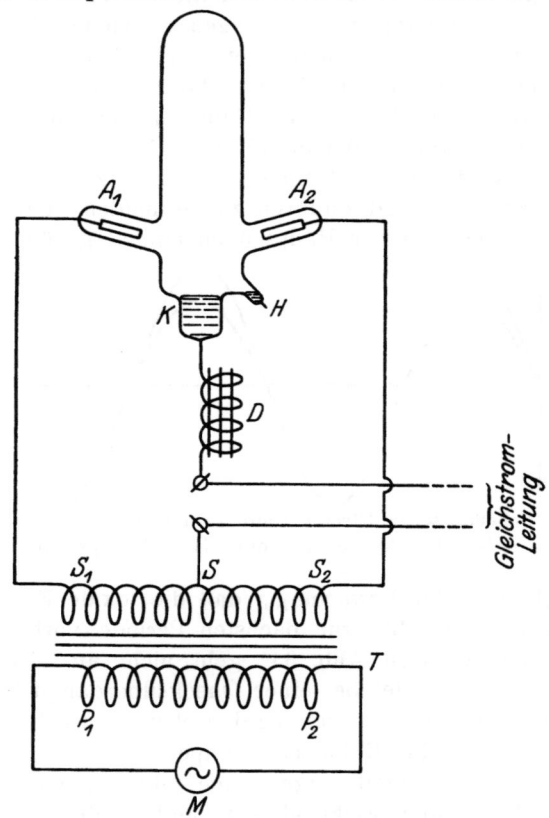

Abb. 40. Anordnung eines Quecksilberdampf-Gleichrichters.

durchflossen wird. Würde sich also nur induktionsfreier Widerstand in der Leitung K S befinden und würde der Strom durch den Quecksilberbogen nicht deformiert werden, so würde der Stromverlauf derjenige der Kurve i in Abb. 41 sein, wenn die Kurve e wieder die Spannung von S_1 gegen S wiedergibt. Tatsächlich legt man in die Gleichstromleitung eine Drosselspule D. Durch sie wird der Stromverlauf etwa so abgeflacht, wie es die Kurve i' von Abb. 41 zeigt. Sie hat nicht nur den Vorteil, daß die Schwankungen des gleichgerichteten Stromes viel kleiner werden, sondern verhindert auch, daß der Strom auf Null abfällt und dadurch der Gleichrichter für einen Moment stromlos wird. Dieser Moment würde unter Umständen genügen, um die Lampe zum Erlöschen zu bringen. Dadurch, daß die Drosselspule das Aussetzen des Stromes verhindert, dispensiert sie auch davon, den Hilfsbogen HK dauernd im Gang zu halten; man braucht ihn nur noch beim ersten Zünden.

Es ist Ihnen bekannt, daß die Quecksilberdampf - Gleichrichter in neuester

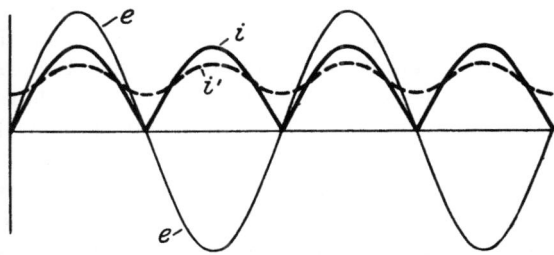

Abb. 41. Schematischer Stromverlauf in einem Wechselstrom - Gleichrichter bei Ausnützung der beiden Halbperioden.

Zeit technisch dazu verwendet werden, um aus Wechselstrom- oder Drehstromzentralen gleichgerichteten Strom zu entnehmen. Die Gefäße derselben sind teils, wie bei dem eben vorgeführten, aus Glas, teils — für große Leistung — aus Eisen. Wegen des hohen Wirkungsgrades, den sie gerade bei hohen Spannungen besitzen und wegen der Vorteile, die sie gegenüber rotierenden Umformern bieten, hat man ihnen in den letzten Jahren auch bei uns in Deutschland große Aufmerksamkeit gewidmet.

Das waren die Beispiele, die ich an der Hand der Elektronen- und Ionenvorstellung besprechen wollte.

Es ist Ihnen wohl angenehm aufgefallen, wie grob mechanisch die vorgetragene Vorstellung ist und wie einfach und anschaulich eben deshalb die Erklärung für die geschilderten Vorgänge wird. — Vor nicht so sehr langer Zeit würde man sich beinahe dem Vorwurf der Unwissenschaftlichkeit ausgesetzt haben, wenn man sich vorgestellt hätte, daß auch bei nichtelektrolytischen Leitern in einem elektrischen Strom wirklich etwas Materielles strömt. Was man als Wirkungen des elektrischen

Stroms beobachtete, faßte man nur als die Äußerungen des immateriellen Energiestroms im elektromagnetischen Feld auf. Heute sieht man in jedem elektrischen Strom die mechanische Bewegung von Elektronen oder Ionen, auf deren Ladung das elektrische Feld nach längst bekannten Gesetzen wirkt.

Sie dürfen aber nicht denken, daß durch diese neuen Vorstellungen die Maxwell-Faraday-Auffassung, welche die Grundlage der ganzen Elektrotechnik bildet, umgestoßen wird. Sie besteht noch heute unberührt. Aber die neuen Vorstellungen gehen viel weiter. In der Maxwellschen Theorie begnügte man sich damit, das Verhalten eines Leiters gegenüber dem elektrischen Strom durch eine dem Leiter charakteristische Konstante, sein elektrisches Leitvermögen, zu charakterisieren. Jetzt ist man energisch an die Frage herangegangen, was in dem Leiter sich tatsächlich abspielt, wenn in ihm ein elektrischer Strom fließt. An die Stelle der makroskopischen Betrachtung der Vorgänge ist, wenn ich so sagen darf, eine mikroskopische, atomistische getreten. Man ist dabei der alten Frage: „Was ist Elektrizität?" um ein ganzes Stück näher gekommen.

Vielleicht haben Sie das Bedenken, daß diese Vorstellungen schließlich eben doch nur „Theorie" sind. Ich weiß ganz gut, was der Ingenieur meint, wenn er etwas als „Theorie" bezeichnet, und will nicht darüber streiten, ob der Ausdruck „Theorie" im Sinn des Ingenieurs hier berechtigt ist. Betonen möchte ich aber eines: Sie sind falsch daran, wenn Sie glauben, daß es sich dabei nur um mehr oder weniger unbestimmte qualitative Anschauungen handle. Es sind Vorstellungen, deren Folgerungen quantitativ geprüft werden können und deren quantitative Prüfung eine der Hauptaufgaben der Physik in den letzten 20 Jahren war. Gewiß hat man auch heute noch nicht in alle Fragen volle Klarheit bringen können. Aber wenn ich Ihnen sage, daß man z. B. das Verhältnis der Ladung eines Elektrons zu seiner Masse aus rein elektrischen, aus radioaktiven und aus optischen Erscheinungen hat quantitativ bestimmen können, und daß auf diesen ganz verschiedenartigen physikalischen Gebieten bei allen zuverlässigen Messungen derselbe Wert sich ergeben hat, so werden Sie mir wohl zugeben, daß diese „Theorie" ein gutes Fundament besitzt.

Verlag von Julius Springer in Berlin W 9

Elektrische Durchbruchfeldstärke von Gasen. Theoretische Grundlagen und Anwendung. Von W. O. Schumann, a. o. Professor der technischen Physik an der Universität Jena. Mit 80 Textabbildungen. 1923. GZ. 6; gebunden GZ. 7.25

Elektrizität und Optik. Vorlesungen. Von H. Poincaré, Professor und Mitglied der Akademie. Redigiert von J. Blondin und Bernard Brunhes, Paris. Autorisierte deutsche Ausgabe von Dr. W. Jaeger und Dr. E. Gumlich, Assistenten an der Physikalisch-Technischen Reichsanstalt zu Berlin. In zwei Bänden.
I. Band: **Die Theorien von Maxwell und die elektromagnetische Lichttheorie.** Mit 39 Textfiguren. 1891. GZ. 8
II. Band: **Die Theorien von Ampère und Weber. Die Theorie von Helmholtz und die Versuche von Hertz.** Mit 15 Textfiguren. 1892. GZ. 7

Mathematische Theorie des Lichts. Vorlesungen. Von H. Poincaré, Professor und Mitglied der Akademie. Redigiert von J. Blondin, Privatdozent an der Universität zu Paris. Autorisierte deutsche Ausgabe von Dr. E. Gumlich und Dr. W. Jaeger. Mit 35 in den Text gedruckten Figuren. 1894. GZ. 10

Seriengesetze der Linienspektren. Von Prof. Dr. F. Paschen, Direktor des Physikalischen Instituts an der Universität Tübingen, und Dr. R. Götze. 1922. Gebunden GZ. 11

Entwicklungsgeschichte der modernen Physik. Zugleich eine Übersicht ihrer Tatsachen, Gesetze und Theorien. Von Felix Auerbach. Mit 115 Abbildungen. 1923. GZ. 8; gebunden GZ. 10

Die Stereoskopie im Dienste der Photometrie und Pyrometrie. Von Carl Pulfrich. Mit 32 Abbildungen. 1923. GZ. 3.6

Die mathematischen Hilfsmittel des Physikers. Von Dr. Erwin Madelung, ord. Professor der theoretischen Physik an der Universität Frankfurt a. M. Mit 20 Textfiguren. („Die Grundlehren der mathematischen Wissenschaften", Bd. IV.) 1922.
GZ. 8.25; gebunden GZ. 10

Die Grundzahlen (GZ.) entsprechen den ungefähren Vorkriegspreisen und ergeben mit dem jeweiligen Entwertungsfaktor (Umrechnungsschlüssel) vervielfacht den Verkaufspreis. Über den zur Zeit geltenden Umrechnungsschlüssel geben alle Buchhandlungen sowie der Verlag bereitwilligst Auskunft.

Verlag von Julius Springer in Berlin W 9

Kurzes Lehrbuch der Elektrotechnik. Von Dr. **Adolf Thomälen**, a. o. Professor an der Technischen Hochschule Karlsruhe. **Neunte**, verbesserte Auflage. Mit 555 Textbildern. 1922. Gebunden GZ. 9

Die wissenschaftlichen Grundlagen der Elektrotechnik. Von Professor Dr. **Gustav Benischke**. Sechste, vermehrte Auflage. Mit 633 Abbildungen im Text. 1922. Gebunden GZ. 15

Kurzer Leitfaden der Elektrotechnik für Unterricht und Praxis in allgemeinverständlicher Darstellung. Von Ingenieur **Rud. Krause**. Vierte, verbesserte Auflage herausgegeben von Prof. **H. Vieweger**. Mit 375 Textfiguren. 1920. Gebunden GZ. 6

Die Elektrotechnik und die elektromotorischen Antriebe. Ein elementares Lehrbuch für technische Lehranstalten und zum Selbstunterricht. Von Dipl.-Ing. **Wilhelm Lehmann**. Mit 520 Textabbildungen und 116 Beispielen. 1922. Gebunden GZ. 9

Elektrische Starkstromanlagen. Maschinen, Apparate, Schaltungen, Betrieb. Kurzgefaßtes Hilfsbuch für Ingenieure und Techniker sowie zum Gebrauch an technischen Lehranstalten. Von Studienrat Dipl.-Ing. **Emil Kosack**, Magdeburg. Sechste, durchgesehene und ergänzte Auflage. Mit 296 Textfiguren. 1923. GZ. 5; gebunden GZ. 5.8

Schaltungen von Gleich- und Wechselstromanlagen. Dynamomaschinen, Motoren und Transformatoren, Lichtanlagen, Kraftwerke und Umformerstationen. Ein Lehr- und Hilfsbuch. Von Studienrat Dipl.-Ing. **Emil Kosack**, Magdeburg. Mit 226 Textabbildungen. 1922. GZ. 4

Grundzüge der Starkstromtechnik. Für Unterricht und Praxis. Von Dr.-Ing. **K. Hoerner**. Mit 319 Textabbildungen und zahlreichen Beispielen. 1923. GZ. 4; gebunden GZ. 5

Elektrische Schaltvorgänge und verwandte Störungserscheinungen in Starkstromanlagen. Von Professor Dr.-Ing. und Dr.-Ing. e. h. **Reinhold Rüdenberg**, Berlin. Mit 477 Abbildungen im Text und 1 Tafel. 1923. Gebunden GZ. 16

Die Grundzahlen (GZ.) entsprechen den ungefähren Vorkriegspreisen und ergeben mit dem jeweiligen Entwertungsfaktor (Umrechnungsschlüssel) vervielfacht den Verkaufspreis. Über den zur Zeit geltenden Umrechnungsschlüssel geben alle Buchhandlungen sowie der Verlag bereitwilligst Auskunft.

Verlag von Julius Springer in Berlin W 9

Arnold-la Cour, Die Wechselstromtechnik. Herausgegeben von Professor Dr.-Ing. E. **Arnold**, Karlsruhe. In 5 Bänden. Unveränderter Neudruck. 1923.

Ein ausführliches Verzeichnis über die einzelnen Bände steht auf Wunsch gern zur Verfügung.

Theorie der Wechselströme. Von Dr.-Ing. **Alfred Fraenckel.** Zweite, erweiterte und verbesserte Auflage. Mit 237 Textfiguren. 1921.
Gebunden GZ. 11

Ankerwicklungen für Gleich- und Wechselstrommaschinen. Ein Lehrbuch. Von Professor **Rudolf Richter**, Karlsruhe. Mit 377 Textabbildungen. Berichtigter Neudruck. 1922. Gebunden GZ. 11

Die Hochspannungs-Gleichstrommaschine. Eine grundlegende Theorie. Von Elektro-Ingenieur Dr. **A. Bolliger**, Zürich. Mit 53 Textfiguren. 1921. GZ. 2

Elektrotechnische Meßkunde. Von Dr.-Ing. P. B. **Arthur Linker.** Dritte, völlig umgearbeitete und erweiterte Auflage. Mit 408 Textfiguren. Unveränderter Neudruck. 1923. Gebunden GZ. 11

Elektrotechnische Meßinstrumente. Ein Leitfaden. Von **Konrad Gruhn**, Oberingenieur und Gewerbestudienrat. Zweite, vermehrte und verbesserte Auflage. Mit 321 Textabbildungen. 1923.
Gebunden GZ. 5.8

Der Drehstrommotor. Ein Handbuch für Studium und Praxis. Von Professor **Julius Heubach**, Direktor der Elektromotorenwerke Heidenau G. m. b. H. Zweite, verbesserte Auflage. Mit 222 Abbildungen. 1923.
Gebunden GZ. 14.5

Elektromotoren. Ein Leitfaden zum Gebrauch für Studierende, Betriebsleiter und Elektromonteure. Von Dr.-Ing. **Johann Grabscheid.** Mit 72 Textabbildungen. 1921. GZ. 2.8

Die Berechnung elektrischer Leitungsnetze in Theorie und Praxis. Von Dipl.-Ing. **Josef Herzog** † in Budapest und **Clarence Feldmann**, Professor an der Technischen Hochschule zu Delft. Vierte, vermehrte und verbesserte Auflage. Mit etwa 519 Textfiguren.
In Vorbereitung

Die Grundzahlen (GZ.) entsprechen den ungefähren Vorkriegspreisen und ergeben mit dem jeweiligen Entwertungsfaktor (Umrechnungsschlüssel) vervielfacht den Verkaufspreis. Über den zur Zeit geltenden Umrechnungsschlüssel geben alle Buchhandlungen sowie der Verlag bereitwilligst Auskunft.

Verlag von Julius Springer in Berlin W 9

Die asynchronen Wechselfeldmotoren. Kommutator- und Induktionsmotoren. Von Prof. Dr. **Gustav Benischke**. Mit 89 Abbildungen im Text. 1920. GZ. 3.5

Die elektrische Kraftübertragung. Von Oberingenieur Dipl.-Ing. **Herbert Kyser**. In 3 Bänden.
Erster Band: **Die Motoren, Umformer und Transformatoren.** Ihre Arbeitsweise, Schaltung, Anwendung und Ausführung. Zweite, umgearbeitete und erweiterte Auflage. Mit 305 Textfiguren und 6 Tafeln. Unveränderter Neudruck. 1923. Gebunden GZ. 13.5
Zweiter Band: **Die Niederspannungs- und Hochspannungs-Leitungsanlagen.** Ihre Projektierung, Berechnung, elektrische und mechanische Ausführung und Untersuchung. Zweite, umgearbeitete und erweiterte Auflage. Mit 319 Textfiguren und 44 Tabellen. Unveränderter Neudruck. 1923. Gebunden GZ. 13.5
Dritter Band: **Die maschinellen und elektrischen Einrichtungen des Kraftwerkes und die wirtschaftlichen Gesichtspunkte für die Projektierung.** Zweite, umgearbeitete und erweiterte Auflage. Mit 665 Textfiguren, 2 Tafeln und 87 Tabellen. 1923. Gebunden GZ. 24

Die Porzellan-Isolatoren. Von Professor Dr. **Gustav Benischke**. Zweite, vermehrte und verbesserte Auflage. Mit etwa 150 Textabbildungen. Erscheint im Herbst 1923

Hochfrequenzmeßtechnik. Ihre wissenschaftlichen und praktischen Grundlagen. Von Dr.-Ing. **August Hund**, beratender Ingenieur. Mit 150 Textabbildungen. 1922. Gebunden GZ. 8.4

Radio-Schnelltelegraphie. Von Dr. **Eugen Nesper**. Mit 108 Abbildungen. 1922. GZ. 4.5

Radiotelegraphisches Praktikum. Von Dr.-Ing. **H. Rein**. Dritte, umgearbeitete und vermehrte Auflage von Professor Dr. **K. Wirtz**, Darmstadt. Mit 432 Textabbildungen und 7 Tafeln. Berichtigter Neudruck. 1922. Gebunden GZ. 16

Telephon- und Signal-Anlagen. Ein praktischer Leitfaden für die Errichtung elektrischer Fernmelde- (Schwachstrom-) Anlagen. Herausgegeben von **Carl Beckmann**, Oberingenieur der Aktien-Gesellschaft Mix & Genest, Telephon- und Telegraphenwerke, Berlin-Schöneberg. Bearbeitet nach den Leitsätzen für die Errichtung elektrischer Fernmelde- (Schwachstrom-) Anlagen der Kommission des Verbandes deutscher Elektrotechniker und des Verbandes elektrotechnischer Installationsfirmen in Deutschland. Dritte, verbesserte Auflage. Mit 418 Abbildungen und Schaltungen und einer Zusammenstellung der gesetzlichen Bestimmungen für Fernmeldeanlagen. 1923. Gebunden GZ. 7.5

Die Grundzahlen (GZ.) entsprechen den ungefähren Vorkriegspreisen und ergeben mit dem jeweiligen Entwertungsfaktor (Umrechnungsschlüssel) vervielfacht den Verkaufspreis. Über den zur Zeit geltenden Umrechnungsschlüssel geben alle Buchhandlungen sowie der Verlag bereitwilligst Auskunft.

MIX
Papier aus verantwortungsvollen Quellen
Paper from responsible sources
FSC® C105338

If you have any concerns about our products,
you can contact us on
ProductSafety@springernature.com

In case Publisher is established outside the EU,
the EU authorized representative is:
**Springer Nature Customer Service Center GmbH
Europaplatz 3, 69115 Heidelberg, Germany**

Printed by Libri Plureos GmbH
in Hamburg, Germany